普通高等教育新工科电子信息类课改系列教材

C/C++程序设计

主　编　朱智林

副主编　原燕东　高　文

参　编　王永玉　马加庆　杨　莉　杨福刚　张树粹

U0277854

西安电子科技大学出版社

内 容 简 介

本书主要讲述 C/C++ 程序设计的基本原理和基本思想方法,在 C 语言的基础上扩充了 C++ 的运算符重载、函数重载、类和对象的封装性等内容,目的是使读者具备面向对象程序设计的能力。全书共 9 章,包括概述、基本数据类型及运算符、程序控制结构、数组、函数、指针、构造数据类型、文件、编译预处理等内容。各章均精选了各类计算机水平考试试题作为例题和习题。

本书适合作为普通高等院校、高职高专、各类成人教育院校程序设计基础课程的教材,也可作为编程人员和参加计算机考试(C/C++ 模块)人员的参考书。

图书在版编目(CIP)数据

C/C++ 程序设计 / 朱智林主编. —西安:西安电子科技大学出版社,2019.3(2021.7 重印)
ISBN 978–7–5606–5281–8

Ⅰ. ① C… Ⅱ. ① 朱… Ⅲ. ① C 语言—程序设计—高等学校—教材
Ⅳ. ① TP312.8

中国版本图书馆 CIP 数据核字(2019)第 049288 号

策划编辑 万晶晶
责任编辑 王 静
出版发行 西安电子科技大学出版社(西安市太白南路 2 号)
电 话 (029)88202421 88201467 邮 编 710071
网 址 www.xduph.com 电子邮箱 xdupfxb001@163.com
经 销 新华书店
印刷单位 陕西日报社
版 次 2019 年 3 月第 1 版 2021 年 7 月第 3 次印刷
开 本 787 毫米×1092 毫米 1/16 印 张 18.5
字 数 438 千字
印 数 2501~4500 册
定 价 42.00 元
ISBN 978-7-5606-5281-8 / TP

XDUP 5583001–3
如有印装问题可调换

前　　言

C/C++ 语言是国际上广泛应用的计算机程序设计语言。它以功能强大、表达灵活、代码效率高和可移植性好而著称，广泛用于编写各种系统软件和应用软件。

本书是作者根据多年程序设计语言的教学经验编写而成的，力求以通俗、简练的语言叙述 C/C++ 程序设计中的概念、语法和设计方法。本书选用了 VC++ 6.0 编译系统，以使 C/C++ 程序的调试更加直观、方便。

本书主要讲述 C/C++ 程序设计的基本原理和基本思想方法，在 C 语言的基础上扩充了 C++的相关内容，使 C 语言和 C++ 有机结合在一起，以便读者在编写面向过程程序的同时，能够运用 C++的新增功能简化程序、提高效率。

本书主要特点概括如下：

(1) 定位准确，取舍合理。本书是针对高等教育本科及高职高专学校计算机及其相关专业、非计算机专业等的程序设计基础课程编写的。根据不同层次的教学要求，本书内容可灵活取舍，而不失其教材内容的科学性与系统性。

(2) 精选例题，通俗易懂。为使 C/C++ 程序设计的基本概念、基本理论叙述更加通俗易懂，本书精心选编了采用 Visual C++ 6.0 编译系统调试成功的示例。

(3) 合理设计，综合实例。程序设计是一门实践性很强的课程，不仅要讲授程序设计的基本概念和基本理论，而且更要着力培养学生的设计和编程能力。为此，每一章后面都选编了与其教学内容紧密相关的实验题目，方便了教与学。本书结合数组、函数和自定义类型等章节内容，设计了一个综合实例，以利于循序渐进地培养学生的综合应用能力。

(4) 循序渐进，为面向对象程序设计打下基础。本书以面向过程程序设计为主，介绍了 C++对 C 的改进，引进了 C++ 的运算符、函数重载，同时，对类和对象的封装性进行了叙述，为面向对象编程打下基础。

(5) 本书配备了学习指导书(由西安电子科技大学出版社同时出版)，书中精心设计了各知识点的实验题目，对初学者编程和程序调试能力的提高会有极大帮助。学习指导中对本书的许多习题提供了习题解析，同时又为有提高需求的学生设计了"补充提高习题"。

(6) 本书配有供教师教学使用的电子教案、例题源代码和习题参考答案等教学资源。

书中标有"*"号的内容可根据教学要求进行取舍。根据作者学校使用情况，建议教学计划学时数为 78 学时(计算机专业)，其中讲授 48 学时，实验 30 学时。

本书编写分工如下：第 1～3 章由朱智林编写，第 4 章由原燕东编写，第 5 章由高文编写，第 6 章由杨莉和王永玉编写，第 7 章由马加庆编写，第 8 章由杨福刚编写，第 9 章由张树粹编写。全书由朱智林统稿。

在本书的编写过程中，编者参考了大量有关 C/C++ 程序设计的书籍和资料，在此对这些参考文献的作者表示最诚挚的谢意!

由于水平有限，书中疏漏之处在所难免，请各位读者不吝指正。

编　者

2018 年 12 月

目　录

第 1 章 概　　述

本章主要介绍程序与程序设计的基本概念、算法与程序基本结构、C 语言的基本词法和基本语句、C 语言标准输入/输出函数，以及使用 Visual C++ 6.0 调试程序的方法和步骤。

1.1　程序设计与高级语言

1.1.1　程序与程序设计

程序是使用计算机语言解决问题的方法和步骤的描述。计算机程序设计是指在某一程序语言环境下，编写出能够使计算机理解并执行的程序代码。程序的特点是有始有终，每个步骤都能操作，所有步骤执行完后则对应问题得到了解决。

例如：求两个整数和的方法和步骤如下：

第一步，获取两个整数 a 和 b；

第二步，计算 c = a + b；

第三步，输出 c；

第四步，结束。

如果将上述问题转化成用计算机语言编写的程序，则如例 1.1 所示。

【例 1.1】 求两数和。

程序清单如下：

```
#include <iostream>
using namespace std;
void main()                        //声明主函数
{                                  //主函数开始
    int a, b, c;                   //定义 a、b、c 为整数
    cin>>a>>b;                     //给整型变量 a 和 b 赋值
    c=a+b;                         //计算 c = a + b
    cout<<"sum="<<c<<endl;         //输出计算结果 c
}                                  //程序结束
```

该程序包括了三个部分，一是对变量 a，b，c 进行数据类型说明，二是确定了求两数和的计算方法，三是将计算结果打印输出。

从上述例子可以看到一个 C++ 程序的基本形式：

```
void main()
{
    //一组程序语句
}
```

其中，main 是主函数名，一对大括号是函数体，包括一组程序语句，每条语句以分号结束，程序中类似"//输出计算结果 c"的字符串是注释语句。注释语句不是程序可执行语句，它的作用是增强程序的可读性。在 C 语言中也可使用形如"/*……*/"的形式进行注释。

1.1.2　程序设计语言

目前，通用的计算机还不能识别自然语言，只能识别特定的计算机语言。

计算机语言一般分为低级语言和高级语言。低级语言直接依赖于计算机硬件，不同的机型所使用的低级语言是完全不一样的。高级语言则不依赖计算机硬件，用高级语言编写的程序可以方便地、几乎不加修改地运行于不同类型的计算机上。

需要强调的是，无论采用何种计算机语言来编写程序，程序在计算机上的执行都是由 CPU 所提供的机器指令来完成的。机器指令是用二进制表示的指令集。每种类型的 CPU 都有与之对应的指令集。

1. 低级语言

低级语言包括机器语言和汇编语言。

直接使用二进制表示的指令来编写程序的语言就是机器语言。使用机器语言编写程序时，必须准确无误地牢记每一条指令的二进制编码。

机器语言的优点是执行速度快，并且可以直接对硬件进行操作，例如主板上的一些设备驱动程序等都是由机器语言编写的。机器语言所编写的程序不易读懂(例如编码"1011 1000 1110 1000 0000 0011"根本看不出表示什么命令)，也就难以维护。由于依赖于计算机硬件指令集，而不同类型计算机的指令集之间不兼容，因而用机器语言所编写的程序的可移植性差，另外，用机器语言编写程序效率低下，且不能保证程序有好的质量。

为了方便地编写程序，用一些符号和简单的语法来表示机器指令，这就是汇编语言。例如编码"1011 1000 1110 1000 0000 0011"用汇编语言表示就是"mov AX, 1000"，其功能就是"将 1000 送入 AX 寄存器中"。但是 CPU 不能识别汇编语言，因此需要一个"翻译"将汇编语言翻译成机器语言，这个"翻译"我们称之为"汇编器"。汇编语言和机器语言的指令是一一对应的，其可读性有所提高，但并未改变机器语言的特点，也就是说，汇编语言是面向机器语言的。当然，汇编语言也仍然具备机器语言的优点。许多大型系统的核心部分都是用汇编语言编写的，它们直接和硬件打交道，效率需求高。

有没有办法真正提高程序的可读性、可维护性和可移植性呢？

2. 高级语言

高级语言是一种比较接近自然语言和数学语言的程序设计语言。高级语言的出现大大提高了程序员的工作效率，降低了程序设计的难度，并改善了程序质量。用高级语言编写程序可使程序具备良好的可读性和可维护性，更易于人们掌握程序设计方法，从而使计算机技术得到迅速的应用和普及。

例如，语句段：

```
if (a>b)
    c=a;
else
    c=b;
```

表示的是"如果 a 大于 b，则 c=a，否则 c=b"。这与自然语言(英语)非常接近，容易理解。当然，这里的"="和数学语言中的等号是有本质区别的，这在后面内容中会详细介绍。

　　每一种高级语言，都有自己人为规定的专用符号、英文单词、语法规则和语句结构。高级语言与自然语言(英语)更接近，而与硬件功能相分离。高级语言的通用性强、兼容性好、便于移植。高级语言的发展经历了从无序化的程序设计到面向过程的程序设计、面向对象的程序设计的发展过程。面向过程的语言的特点是，程序员要告诉计算机"做什么"和"怎么做"。FORTRAN、PASCAL 和 C 语言等都是面向过程的高级语言。面向对象的语言的特点是面向具体的应用功能，即面向"对象"，其方法就是软件的集成化，将数据和处理数据的过程作为一个整体来处理，采用类的封装、数据隐藏、继承性和多态性等方法，便于将实际问题分解和抽象，使代码易于维护并保持较高的复用性。典型的面向对象的高级语言如 C++、Java 等。

　　使用计算机语言编写的程序叫源程序。因为计算机只能接收 0 和 1 组成的二进制程序(又称二进制机器指令)，所以高级语言源程序必须通过编译系统将其翻译成二进制程序后才能执行。翻译程序有两种执行方式：一种是通过"解释程序"将源程序翻译一句执行一句，这种执行方式称为"解释执行"方式；另一种是通过"编译程序"将源程序全部翻译成二进制程序后再执行，此种执行方式称为"编译执行"方式。大多数高级语言采用"编译执行"方式，C 语言就是其中之一。从源程序到在计算机上得到运行结果，其操作过程(以 C 语言为例)如图 1.1 所示。

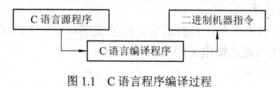

图 1.1　C 语言程序编译过程

1.2　算　法

　　学习计算机程序设计语言的目的，是用语言作为工具，设计出计算机能够运行的程序。设计一个程序首先需要做两方面的工作：一是组织合理结构的数据，二是设计解决问题的算法。这样，就可用任何一种计算机语言编写程序，也就是常说的计算机源程序。因此，可以用以下公式来表示程序：

$$程序=算法+数据结构$$

1.2.1　算法的特性

　　算法是指为了解决某个特定问题而采用的确定且有效的步骤。计算机算法可分为两大类：数值运算和非数值运算。数值运算的目的是求解，例如，求方程的根、求圆的面积、求 n 的阶乘等，都属于数值运算。非数值运算包括的面十分广泛，主要用于事务管理，例如人事管理、图书管理、学籍管理等。一个算法应当有以下 5 个特性。

1. 有穷性

一个算法应当包含有限个操作步骤。也就是说，在执行若干个操作之后，算法将结束，而且每一步都在合理的时间内完成。

2. 确定性

算法中的每一条指令必须有确切的含义，不能有二义性，对于相同的输入必须能得出相同的结果。

3. 可行性

算法中的每一步都应当有效执行，通过基本运算后能够实现目标。

4. 有零个或多个输入

在计算机上实现算法，所需的处理数据大多数情况下要在程序执行时通过输入得到，但也有些程序不需要输入数据。

5. 有一个或多个输出

算法的目的是求解(得到结果)，结果要通过输出得到。

1.2.2 算法表示

算法可以用各种描述方法来进行描述，常用的有自然语言、伪代码、传统流程图和 N-S 流程图。使用流程图(又称框图)等将算法描述出来，然后根据流程图编写程序代码是计算机程序设计经常采用的方法。

1. 用伪代码表示算法

伪代码是用介于自然语言和计算机语言之间的文字和符号来描述算法的。

【例 1.2】 用伪代码描述输出 x 绝对值的问题。

程序清单如下：

```
IF x is positive THEN
    print   x
ELSE
    print -x
```

也可以中英混用，将上例改写成：

```
若 x 为正，则
    打印 x
否则
    打印 -x
```

2. 用传统流程图表示算法

传统流程图也是描述算法的很好的工具，传统流程图中使用的符号如图 1.2 所示。

开始/结束框　　　处理框　　　输入/输出框　　　判断框　　　流程线　连接点

图 1.2　传统流程图符号

其中，流程线包括 4 个方向线，即：→、←、↓、↑。

【例 1.3】　求两数之和的算法的流程图，如图 1.3 所示。

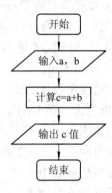

图 1.3　求两数和的传统流程图

3. 用 N-S 流程图表示算法

随着结构化程序设计方法的出现，1973 年美国学者 I. Nassi 和 B. Shneiderman 提出了一种新的流程图形式。这种流程图去掉了流程线，算法的每一步都用一个矩形框来描述，一个完整的算法就是按用户设计的执行顺序连接起来的一个大矩形。人们把这种流程图称为 N-S 流程图，如图 1.4 所示。

例如，求两数之和的算法的 N-S 流程图如图 1.5 所示。

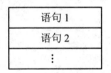
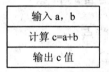

图 1.4　N-S 流程图　　　　　　　图 1.5　求两数和的 N-S 流程图

1.3　C/C++ 的发展史与特点

1.3.1　C/C++ 的发展史

C 语言是目前国际上广泛流行的一种结构化的程序设计语言，计算机专业人员使用它来开发系统软件，软件开发人员使用它来编写应用软件。特别是近些年来，不仅是计算机专业人员和软件开发人员，广大计算机爱好者也越来越青睐 C 语言。

C 语言的前身是 ALGOL 语言。ALGOL 语言是 1960 年开发出的一种面向问题的高级语言，用 ALGOL 来描述算法很方便，但它的缺点是不具有与硬件打交道的底层处理能力，不宜用来编写系统程序。1963 年英国剑桥大学在 ALGOL 语言基础上增添了处理硬件的能力，推出了 CPL(Combined Programming Language)语言。CPL 语言比 ALGOL 语言接近硬件一些，但由于规模较大，学习和掌握困难，没有流行开来。1967 年英国剑桥大学的 Dennis M.Richards 对 CPL 语言进行了简化，推出了 BCPL 语言。1970 年美国贝尔实验室(Bell Laboratories)的 Ken Thompson 对 BCPL 语言又进行了进一步简化，设计出了既简单又接近硬件系统的 B 语言(以 BCPL 的第一个字母命名)，同时，使用 B 语言编写出 UNIX 操作系统，在 PDP-7 上实现。1972 年美国贝尔实验室的 Dennis.M.Ritchie 在 B 语言的基础上设计出 C 语言(以 BCPL 的第二个字母命名)。C 语言在保留 BCPL 语言和 B 语言的强大的硬件处理功能的基础上，扩充了数据类型，恢复了通用性。1973 年 Dennis M.Ritchie 和 K.Thompson 两人合作将 UNIX 操作系统用 C 重写了一遍(即 UNIX V5)。系统的代码量比以前的版本增加了三分之一，加进了多道程序设计功能，特别是整个 UNIX 操作系统(包括 C 编译程序本身)都建立在 C 语言的基础之上，而 UNIX V5 奠定了 UNIX 操作系统的基础。随着 UNIX 的使用日益广泛，C 语言也得到迅速推广，可以说，C 语言和 UNIX 在发展过程中相辅相成，目前，C 语言早已成为世界上公认的应用最广泛的计算机语言。

1977 年，K.Thompson 和 Dennis M.Ritchie 撰写了《C 程序设计语言》一书，对 C 语言进行了规范化的描述，成为当时的标准，称为 K&R 标准。随着微型机的普及，出现了不同的 C 语言标准版本，为了统一标准，美国标准化协会(ANSI)于 1983 年制定了一套 ANSI C 标准，此后又相继推出 87 ANSI、C99 标准。

C++ 是由 C 发展而来的，与 C 兼容，C++ 是 C 的超集。C++ 语言既可用于面向过程的结构化程序设计，又可用于面向对象的程序设计，是一种功能强大的程序设计语言。C++ 保留了 C 的风格和特点，同时对 C 某些不足做了大量的改进，并增加了面向对象的机制。改进后的 C++ 与 C 相比，在数据类型方面更加严格，使用更加方便了。

1.3.2　C/C++ 语言的特点

1．C 语言的特点

1) 结构化语言

C 语言是结构化程序设计语言，面向过程编程。每一类语言都有它的特点。结构化语言的一个显著特点是代码和数据的分离化，即程序的各部分除了必要的信息交流外，彼此互不影响，相互隔离。体现 C 语言主要特点的是函数。

C 语言的程序是由函数构成的，一个函数为一个"程序模块"。一个 C 源程序至少包含一个函数，就是 main()函数(主函数)，也可以包含一个 main()函数和若干个其他函数(子函数)。所以说，函数是 C 程序的基本单位。同时，C 语言系统也提供了丰富的库函数(又称系统函数)，用户可以在程序中直接引用相应的库函数，根据需要编制和设计用户自己的函数。所以说，一个 C 程序由用户自己设计的函数(以下简称用户函数)和库函数两部分构成。

2) 简洁、紧凑、灵活

C 语言中只有 32 个保留字(关键字)，9 种控制语句，程序书写自由，主要是小写字母，C 语言编译程序的体积很小。另外 C 语言是一种自由格式的语言，没有像 FORTRAN 语言那样的书写格式的限制，故用 C 语言编写程序自由方便。

3) 运算符丰富

C 语言的运算符种类很多，共有 15 类运算符(见附录 B)。C 语言可以进行字符、数字、地址、位等多种运算，并可完成由硬件实现的普通算术运算、逻辑运算。灵活使用各种运算符可以完成许多在其他高级语言中难以实现的运算或操作。

4) 中级语言

我们通常称面向问题的语言为"高级语言"，而面向机器的语言为"低级语言"，C 语言既具有高级语言的功能，又具有低级语言的许多功能。C 语言能够对内存单元中的二进制位(bit)操作，实现汇编语言的大部分功能，直接对硬件进行操作。由于 C 语言的这种双重性，使它既是成功的系统描述语言，又是通用的程序设计语言，所以称它为中级语言。

5) 可移植性好

可移植性是指程序从一个环境下不加或稍加改动就可移到另一个完全不同的环境下运行。对汇编语言而言，由于它只面向特定的机器，故其根本不可移植。而一些高级语言(比如 FORTRAN)，其编译程序也不可移植，而只能根据国际标准重新实现。但 C 语言在许多机器上的实现是通过将 C 编译程序移植得到的。据统计，不同机器上的 C 编译程序 80%的代码是共同的。

6) 功能强大

高级语言不适用于编写系统软件，除了语言表达能力之外还有一个很大的因素是该语言的代码质量。如果代码质量低，则系统开销就会增大。一般来说，语言越低级其代码质量就越高。由于 C 语言具有低级语言的功能，所以现在许多系统软件都用 C 语言来描述，从而大大提高了编程效率。

7) 编译语言

C 语言是编译语言，用 C 语言编写的源程序必须经过编译后(生成 .obj 文件)，再与库文件连接生成可执行文件(.exe 文件)，执行可执行文件的过程称为运行程序。

8) 语法限制不严格，程序设计自由度大

用 C 语言所编写的程序的正确性和合法性在很大程度上要由程序员而不是 C 语言编译程序来保证。如 C 语言编译程序对数组下标不做越界检查、数据类型检验功能较弱等。故对 C 语言不熟悉的人员，编写一个正确的 C 语言程序可能会比编写其他高级语言程序难一些。所以用 C 语言编写程序，要对程序进行认真的检查，而不要过分依赖 C 语言编译程序的查错功能。正是因为 C 语言放宽了语法的限制，所以换来了程序设计的较大自由度和灵活性。

2．C++ 的特点

C++ 程序中出现了类和对象，因此 C++ 语言与 C 语言的本质区别是增加了面向对象的内容，如支持数据封装，支持基类、派生类的继承性，支持重载、多态性等。

下面简单介绍几点 C++ 的改进内容：

(1) C++ 规定函数说明必须使用原型说明，不可以简单说明。

(2) C++ 规定凡是从高类型向低类型的转换都要进行强制转换。

(3) C++ 中符号常量建议使用 const 关键字来定义(常变量)。

(4) C++ 中引进了内联函数，可以取代 C 中的带参的宏。

(5) C++ 允许设置函数参数的默认值，提高程序运行的效率。

(6) C++ 引进函数重载和运算符重载，编程更加方便。

(7) C++ 可以使用变量的引用进行数据传递。

(8) C++ 提供了 I/O 流类库，使输入/输出更加方便快捷。

本书将采用 VC++ 6.0 为编译程序讲解 C/C++ 的语法和编程方法，以结构化程序设计方法为主，简单介绍 C++ 相应方面的内容。

1.4　C 程序结构及书写规则

1.4.1　C 程序的基本结构

C 程序是由一个主函数和若干个(或 0 个)用户函数组成的，主函数和用户函数的位置是任意的。但它们的调用关系是一定的。即主函数可以调用任何用户函数，用户函数间可以互相调用，但不能调用主函数。用户函数甚至可以调用自己，这种调用称为递归调用。

C 程序总是从 main()函数开始执行，而不论 main()函数在整个程序中的位置如何。从主函数的第一条语句开始执行，直到主函数的最后一条语句结束。非主函数必须通过"函数调用"才能执行。

一个函数由两部分组成，即函数说明部分和函数体部分。

1. 函数说明部分(又称函数头)

函数说明部分包括函数值类型、函数存储类型、函数标识符、函数的参数和参数的类型；其格式是函数名后紧接着一对圆括号(详细说明参见第 5 章)。

2. 函数体部分

函数体部分即用大括号括起来的部分。函数体内有若干条语句，它们能完成各种操作，具体函数的功能都写在函数体中。C 语言允许函数体内为空。主函数 main()的常见表示形式有：

(1) void main()

```
    {
        ⋮    //函数代码写在这儿
    }
```

这种格式，主函数类型为 void，函数没有返回值。

(2) int main()

```
    {
        ⋮    //函数代码写在这儿
    return 0;
    }
```

主函数类型为 int，执行完毕向系统返回数值 0。C 语言标准推荐使用这种格式。

1.4.2 程序的书写规则

C 程序书写格式随意，除了保留字外，任何地方都可以插入空格、回车换行符。

为了便于阅读程序，建议采用格式化的书写格式，采用缩进纵向对齐方式。可以在程序的任何一处插入"注释"。注释语句是非执行语句，不参加编译，也不会出现在目标文件中，只起到帮助阅读程序的作用，如同读文章加上注释一样。

1.5 C 语言的基本词法

学习自然语言要学习词汇和语法规则，根据语法规则使用词汇书写句子或文章。C 语言是一种计算机语言，用计算机语言编写程序就要使用其基本字符、基本词类，根据它的语法规则，按照算法描述出解决问题的方法和步骤。

1.5.1 C 语言使用的字符集

C 语言程序允许出现的所有基本字符的组合称为 C 语言的字符集，C 语言的字符集就是 ASCII 字符集，主要分为下列几类：

(1) 大小写英文字母。A，B，C，…，Z，a，b，c，…，z。

(2) 数字。0，1，2，3，4，5，6，7，8，9。

(3) 键盘符号如表 1.1 所示。

表 1.1 键 盘 符 号

符号	含义	符号	含义	符号	含义
~	波浪号	)	右圆括号	:	冒号
`	重音号	_	下划线	;	分号
!	叹号	−	减号	"	双引号
@	a 圈号	+	加号	'	单引号
#	井号	=	等号	<	小于号
$	美元号	|	或符号	>	大于号
%	百分号	\	反斜杠	,	逗号
^	异或号	{	左花括号	.	小数点
&	与符号	}	右花括号	?	问号
*	星号	[	左方括号	/	(正)斜杠
(	左圆括号	]	右方括号		空格符号

注意：有些运算符是由两个字符共同构成的。如 &&，||，<=，>=，==，<<，>>，!=，++，−− 等，在 C 程序中应将它们看成一个整体，而不要当成两个字符来对待(见附录 B)。

4. 转义字符

转义字符是由反斜杠字符(\)开始后跟若干个字符组成的，通常用来表示键盘上的控制代码或特殊符号，例如回车换行符、响铃符号等，如表 1.2 所示。

表 1.2　转 义 字 符

转义字符	对应字符	ASCII 值	意 义 说 明
\n	NL (LF)	10	换行符
\t	tab	9	水平制表符
\b	BS	8	退格符
\r	CR	13	回车符
\f	FF	12	换页符
\\	\	92	反斜线符
\'	'	39	单引号符
\"	"	34	双引号符
\0	NULL	0	空字符
\a	BELL	7	响铃
\ddd			八进制位型(如\072，表示一个字符)
\xhh			十六进制位型(如\x6A，表示一个字符)

1.5.2　保留字

在 C 程序中有特殊含义的英文单词称为"保留字"，主要用于构成语法结构的关键字，进行存储类型和数据类型定义。它们在程序中代表着固定的含义，不能另做它用。例如，说明数据类型的标识符 int、float、char 以及控制程序结构的标识符 if、else、for、break 等，用户不能用其表示或命名自定义的对象。C 语言保留字共有 32 个(C++ 中保留字不止这些)，具体分类如下：

(1) 用于数据类型说明的保留字，如表 1.3 所示。

表 1.3　数据类型符

数据类型符	数据类型	数据类型符	数据类型
char	字符型	double	双精度型
int	整型	struct	结构型
short	短整型	union	共用型
long	长整型	typedef	类型定义型
signed int	带符号整型	enum	枚举型
unsigned int	无符号整型	void	空类型
float	浮点型	const	常量

(2) 用于存储类型说明的保留字，如表 1.4 所示。

表 1.4　数据存储类型符

存储类型符	存储类型	存储类型符	存储类型
auto	自动	static	静态
register	寄存器	extern	外部

(3) 其他保留字，如表 1.5 所示。

表 1.5　其他保留字表

保留字	中文含义	保留字	中文含义
break	中止	goto	转向
case	情况	if	如果
continue	继续	return	返回
default	缺省	sizeof	计算字节数
do	做	switch	开关
else	否则	volatile	可变的
for	对于	while	当

1.5.3　预定义标识符

在 C 语言程序中，有的操作是在程序预处理时完成的，所使用的保留字称为预定义标识符，如表 1.6 所示。

表 1.6　预定义标识符

保留字	中文含义	保留字	中文含义
define	宏定义	include	包含
undef	撤销定义	ifdef	如果定义
ifndef	如果未定义	endif	编译结束
line	行		

用户可以使用预定义标识符定义符号常量和宏等，但不要在程序中随意使用，以免造成混淆。

1.5.4　用户标识符

用户标识符是指用户定义的一种字符序列，通常用来表示程序中的变量、符号常量、函数、数组、类型等对象的名字。C 语言规定：

(1) 用户标识符是由字母、数字和下划线三种字符组成的，且第一个字符必须为字母或下划线。程序中使用的用户标识符除了要遵循命名规则外，还应注意"见名知义"。

(2) 用户选取的标识符不能是 C 语言预留的保留字。

(3) C 语言是区分大小写字母的。因此，sum 和 Sum 及 SUM 是不同的用户标识符。

例如：合法的用户标识符：

sum	average	day	a2	_above
x_1_2_3	BASIC	yes	H	student_1

而下面是一些不合法的用户标识符：

a? (含有非法字符：?)　　　　　　　　c.g (含有非法字符：小数点)

A$123 (含有非法字符：$)　　　　　　#33 (含有非法字符：#)

123H (非字母或下划线开头)　　　　　a–0 (含有非法字符：–)

printf (使用了系统函数)　　　　　　\n (使用了系统转义字符：\n)

(4) C 语言中用户标识符的长度(字符个数)无统一规定，随系统不同而异。有规定不超过 32 个字符，也有规定不超过 8 个字符的，并且还规定如果标识符的长度超过了系统所规定的长度，规定范围内字符有效，而后面的字符则不被识别。

1.5.5　C 语言的词类

C 语言的词类主要分为以下几种。

1. 常量

在程序运行中其值不发生变化的数据称为常量。例如：3，0，–3.14，'a'等。

2. 变量

变量用来存放程序运行中变化的数据。例如读入原始数据、存放中间结果、获取最终结果都要使用变量完成。

3. 运算符

运算符是用来表示简单加工计算的符号。例如+ (加)、– (减)、*(乘)、/(除)、%(求余)等。

4. 函数调用

函数调用的作用是执行该函数。

5. 表达式

表达式是用常量、变量、函数调用、运算符组成的式子。

6. 保留字

在 C 程序或语句中，用来表示特定语法含义的英文单词称为保留字。

1.6　C 语言的基本语句

C 语言语句是 C 语言函数中的基本单位。C 语言语句由表达式加上语句结束符构成。一般格式为

表达式;

其中，" ; "为 C 语言语句结尾符号。C 语言的语句主要分为下列几种。

1. 数据定义语句

数据定义语句是用来说明程序中使用的各种存放数据的对象的名称和特性。例如：定

义 x，y，sum 均是整型变量，可写成：

    int x, y, sum;

2. 赋值语句

赋值语句是给程序中定义的变量赋具体值的语句。其中"="为赋值运算符。例如：给 x 赋值为整数 3，可写成：x=3；还可通过 C 函数 scanf()和 C++流对象给变量赋值。

3. 函数调用语句

函数调用语句是指定函数操作的语句，其调用格式为

    函数名(实参表);

例如，调用系统函数输出整数 x，y 的值，可写成：

    printf("%d, %d\n", x, y);

其中，printf 是函数名，括号中内容称为函数参数。

4. 表达式语句

由表达式组成的语句称为表达式语句(但无实际意义，在编译时会优化掉)，表达式构成的语句是一种特殊语句。例如：a+3；就可构成一条语句。

5. 流程控制语句

流程控制语句是控制程序执行过程的语句。程序中的选择语句、循环语句、终止语句和返回语句等都属于流程控制语句。

6. 复合语句

在 C 程序中，用{ }组成一个程序块，{ }内有若干条语句，这个程序块称为复合语句。

7. 空语句

无任何操作的语句，只有一个语句结束符"；"，称为空语句。

8. 其他语句

其他语句包括编译预处理命令和类型定义语句等。

上述的语句功能和格式将在以后的章节中逐步介绍。

1.7 标准输入/输出函数

完整的程序都应含有数据的输入和输出功能。没有输出功能的程序即使运行完毕，用户也见不到结果。没有输入功能的程序缺乏灵活性，每次运行只能对相同的数据进行处理。所以输入和输出语句是不可缺少的。

C/C++标准库提供了大量的系统函数，每个函数具有特定功能，供用户使用。系统函数分类存放在扩展名为 h 的磁盘文件中，称为"头文件"。使用系统函数，要确定它包含在哪个头文件中，随后再将其头文件包含在程序中。使用系统函数的方法是：以预处理命令"#include"开头，后面加上该头文件。C++没出现之前，输入/输出只能使用 C 标准库中的输入/输出头文件 stdio.h，见例 1.4。现在还可使用 C++标准库中的输入/输出头文件 iostream。

1.7.1　格式化输入/输出函数

C 语言中并没有提供基本输入/输出语句，输入/输出的操作靠调用输入/输出(I/O)库函数来完成，C 语言的标准库 "stdio.h" 提供了若干个输入/输出函数，C++ 标准库 iosteam 也兼容了这些函数，这些函数的作用是完成程序中需要数据的读(输入操作)和写(输出操作)。

格式化输入/输出的意义是：按用户在输入/输出语句中规定的格式输入/输出用户所需的信息。C 语言提供两个格式化输入/输出函数，它们是 scanf()函数和 printf()函数，用来完成在标准输入(键盘)/标准输出设备(显示器)上各种不同格式的读/写数据操作。下面介绍这两个函数的用法。

1. printf()函数

功能：printf()函数是格式化输出函数。一般用于向标准设备按规定格式输出信息。在程序中要输出的数据大多数是由此函数完成的。printf()函数的调用格式为

　　　　printf("<格式控制字符串>", [<输出列表>]);

例如，输出整型变量 a 的值的语句为

　　　　printf("%d", a);

说明：printf()函数的参数包括两部分：即格式控制字符串和输出项列表。

(1) 输出项列表是将变量、表达式等的值输出，输出数据项之间用逗号分开。

(2) 格式控制字符串要用双引号引起来，其功能是控制输出项目按此规定格式输出；格式字符串包括普通字符、格式字符、附加格式字符和转义字符。

1) 普通字符

普通字符即需要原样输出的字符。

【例 1.4】　输出一串字符："This is a C program."。

程序清单如下：

```
#include <stdio.h>                    //包含 C 语言标准库中输入/输出头文件 stdio.h,
                                      //C 语言头文件习惯加扩展名.h

void main()
{
    printf("This is a C program.");  //原样输出字符串 "This is a C program."
                                     // printf 函数包含在 stdio.h 中

}
```

运行结果为

　　　　This is a C program.

2) 格式字符

格式字符是指由前导字符 "%" 开头，后面加上格式字符，表示输出内容的指定格式。比如"%d" 表示输出整数，"%f" 表示输出实数，"%c" 表示输出字符型数据等。printf()函数的格式字符如表 1.7 所示。

表 1.7　格 式 字 符

格式符	输出类型说明
%d	有符号十进制整型(int)
%ld	有符号十进制长整型(long int)
%u	无符号十进制整型(unsigned int)
%lu	无符号十进制长整型(unsigned long int)
%o	无符号八进制整型
%x	无符号十六进制整型(每位数字从{0, 1, 2, 3, 4, 5, 6, 7, 8, 9, a, b, c, d, e, f}中取值)
%X	无符号十六进制整型(每位数字从{0, 1, 2, 3, 4, 5, 6, 7, 8, 9, A, B, C, D, E, F}中取值)
%c	字符型(char)
%s	字符串型
%f	有符号十进制浮点型(形如：[-]dddd.dddddd)
%lf	有符号十进制双精度型(形如：[-]dddd.dddddd)
%Lf	有符号十进制双精度型(形如：[-]dddd.dddddd)
%e	有符号十进制浮点型(形如：[-]d.dddddde[+/-]ddd)
%E	有符号十进制浮点型(形如：[-]d.ddddddE[+/-]ddd)
%p	输出十六进制的地址

【例 1.5】　当 a = 3，b = −3.14 时，输出 a 和 b 的值(注意：有符号是指包含负数)。

程序清单如下：

```
#include <iostream>              // C++ 输出风格，调用 C 语言中函数输出 a, b 等
using namespace std;
void main()
{
    int a=3;                     //定义变量 a 为整型，并赋值为 3
    float b=-3.14;               //定义变量 b 为浮点型，并赋值为-3.14
    printf("a=%d, b=%f\n", a, b); //输出格式符%d, %f 说明 a 是整数，b 是浮点数并换行
}
```

运行结果为

　　a=3, b=-3.140000

在 printf("a=%d, b=%f", a, b); 语句中，格式字符串 "a="、" , "、"b=" 是普通字符，原样输出。

输出数据项中变量 a 和 b 中间的逗号称为分隔符，变量 a 和 b 表示取值。

注意： 格式字符和输出数据项排列顺序一一对应，且个数相等，数据类型和格式说明要匹配，否则会出现错误。

3) 附加格式字符

附加格式字符 m 和 n 最为常用，其功能是：在输出格式前导字符%和格式定义符之间

可以出现整数(用 m 代表)，表示输出最小字符位宽度。例如：

　　　printf("%3d, %10s", a, b);

表示输出整型变量 a 占 3 个字符位，字符串 b 占 10 个字符位。如果实际输出宽度不足定义的 m 位，则前边补空格，输出结果右对齐；如果定义宽度(m 位)小于实际宽度，则按实际长度输出。printf( )函数的附加格式如表 1.8 所示。

表 1.8　附加格式字符

字　符	功　能　说　明
m (代表一个正整数)	数据最小宽度
n (代表一个正整数)	对实数，表示输出 n 位小数，对于字符串，表示截取的字符个数
+	输出数据是正数时前带正号
−	输出的数字或字符在域内左对齐。系统默认右对齐

【例 1.6】　printf( )函数输出宽度的举例。

程序清单如下：

```
#include <iostream>
using namespace std;              //替换成#include <stdio.h>也可
void main( )
{
    int a=3, b=12345;             //定义了两个整型变量 a 为 3、b 为 12345
    char x[]={"1234567890"};      //定义 x 字符串
    char y[]={"abcdefghijklmn"};  //定义 y 字符串
    printf("%10d, %8d\n", a, b);  //输出 a 占 10 个、b 占 8 个数据位
    printf("%13s, %8s\n", x, y);  //输出字符串 x 占 13 个字符位、y 占 8 个字符位
    printf("%-3d, %-3d\n", a, b); //输出 a 和 b 各占 3 个字符位，且靠左边对齐
}
```

运行结果为

　　　■■■■■■■■■3, ■■■12345

　　　■■■1234567890, abcdefghijklmn

　　　3■■, 12345　　　(■为空格)

在第 10 行语句中，定义 x 字符串宽度为 13 个字符位，输出 y 字符串宽度为 8 个字符位，那么，x 字符串前空 3 个字符位；y 字符串全部输出。

定义输出实数的格式时可以加以精度限制，%m.nf 输出的实数共 m 位宽，其中小数 n 位，小数点占一位，右对齐，整数位占 m − n − 1 位。若整数位＋小数点＋小数位不足 m 位时，补空格达到 m 位，小数位不足 n 位右补 0。若整数位＋小数点＋小数位超出 m，整数部分全部输出，宽度 m 失效。

【例 1.7】　按格式定义宽度输出实型数据。

程序清单如下：

```
#include <iostream>
```

```
using namespace std;
void main()
{
    float    a=12345.6, b=123.789, c=12.34567;
    printf("a=%7.2f, b=%7.2f, c=%7.2f\n", a, b, c);
}
```

运行结果为

　　a=12345.60, b=■123.79, c=■■12.35

变量 a 输出两位小数，整数位全部输出。变量 b 共 7 位宽，小数点占 1 位，小数占 2 位，整数部分占 3 位，右对齐方式输出，所以整数前边空 1 位。变量 c 小数占 2 位，整数位前边空 2 位。

输出指定宽度字符串，使用%m.ns 格式符。

其中 m 为宽度，n 为源字符串的字符个数。

【例 1.8】　按格式定义宽度输出字符串。

程序清单如下：

```
#include <iostream>
using namespace std;
void main()
{
    printf("%3s, %7.2s, % .4s, %-5.3s\n", "CHINA", "CHINA", "CHINA", "CHINA");
}
```

运行结果为

　　CHINA, ■■■■■CH, CHIN, CHI■■

【例 1.9】　按格式定义宽度输出各种类型的数据。

程序清单如下：

```
#include <iostream>
using namespace std;
void main()
{
    char c='1';
    int a=1234, b;
    float f=3.141592653589;
    double x=0.12345678987654321;
    printf("a=%d \n", a);          //输出十进制整数
    printf("a=%6d \n", a);         //输出 6 位十进制整数
    printf("a=%06d \n", a);        //输出 6 位十进制整数，不够 6 位前补 0
    printf("a=%2d \n", a);         //超过 2 位按实际值输出
    printf("f=%f \n", f);          //输出浮点数
    printf("f=%6.4f \n", f);       //输出 6 位其中小数位为 4 位的浮点数
```

```
        printf("x=%f \n", x);              //输出浮点数
        printf("c=%c \n", c);              //输出字符
    }
```

运行结果为

　　a=1234

　　a=■■1234

　　a=001234

　　a=1234

　　f=3.141593

　　f=3.1416

　　x=0.123457

　　c=1

如果要输出字符"%"，则应在"格式字符串"中用两个 "%%"，输出单分号用 "\'"。例如：

```
        printf("%f%%\n ", 1.0/3);        //%%输出结果为%
```

将输出：0.333333%。

4) 转义字符

ASCII 码中 0～31 是控制字符，在程序中是无法通过键盘输入的，C 语言规定了一些控制字符(转义字符)，在程序中使用转义字符完成其控制功能，转义字符参考表 1.2。

【例 1.10】 观察转义字符 '\101' 输出的字符 A 的实例。

分析：转义字符 '\101' 中的 101 是八进制数，转换成十进制数是 65。ASCII 为 65 代表的是字符 A，如果采用输出格式串 %c 和 %d 输出变量 ch，则为 A 和 65。

程序清单如下：

```
    #include <iostream>
    using namespace std;
    void main()
    {
        char ch;
        ch='\101';                        //\101 是 3 位八进制整数表示的字符
        printf("%c\n", ch);
    }
```

运行结果为

　　A

2. scanf( )函数

功能：scanf( )函数是格式化输入函数，该函数的功能是程序执行时从标准读入设备(键盘)读取程序中所需要的信息，通常称其为标准输入函数。该函数程序运行时完成变量取值操作。scanf 函数的调用格式为

```
    scanf("格式字符串", <地址表>);
```

说明：

(1) 地址表。地址表是由若干个变量地址组成的列表，可以是变量的地址或字符串的首地址等。变量的地址用字符"&"加上变量名表示，其中"&"为取地址运算符，地址表中各个变量之间用","分开。

(2) 格式字符串。格式字符串中包括格式字符和格式分隔符，格式字符与 printf( )函数基本相同。

【例 1.11】 给整数 a，b 赋值 5 和 8，并指定以 a=5, b=8 格式输出。

程序清单如下：

```
#include <iostream>
using namespace std;              //替换成#include <stdio.h>也可
void main()
{   int a, b;
    scanf("%d%d", &a, &b);        //给 a 和 b 的内存地址中送整数值 scanf 函数包含在 iostream 中
    printf("a=%d, b=%d \n", a, b);        //输出 a 和 b 的值
}
```

执行 scanf()函数时输入数据：

　　5　8✓　 (5 和 8 之间用空格分隔，✓为回车键)

运行结果为

　　a=5, b=8

说明：

(1) 格式分隔符。格式分隔符的作用是当 scanf( )函数需要输入多个数据时用来分隔输入的数据(简称分隔符)。分隔符分两类，一类是空白字符(包括空格、制表符和换行符)，例如：scanf("%d%d", &a, &b); 格式控制字符串 "%d%d" 相连，在执行 scanf()函数时，两数据间用空格、Tab 键(跳格键)、Enter 键(回车键)分隔，也可按下多个空格符。例如，运行例 1.11 在用户窗口键入：

　　5 8✓ (Enter) 或

　　5✓

　　8✓

这两种输入方式程序运行结果是相同的。

另一类分隔符是非空白字符，在调用 scanf( )函数时由用户指定一种分隔符，一旦指定了特殊的分隔符，在输入数据时必须用该分隔符分隔数据，否则 scanf( )函数终止运行，例如 scanf("%d, %d", &a, &b); 分隔符使用","分隔，在输入数据时就必须用","分隔。运行时在用户窗口键入：

　　5，8✓

再如有：scanf("%d:%d", &a, &b); 输入语句中使用"："做分隔符，执行 scanf 函数时，应输入：

　　5:8✓

(2) 格式字符。scanf( )函数的格式字符如表 1.9 所示。

(3) 附加字符格式符。scanf( )函数的附加格式字符是限定输入数据的字符位宽度的，

如表 1.10 所示。

表 1.9　格　式　字　符

格式符	输 入 类 型 说 明
%d	输入一个十进制整型数据(int)
%u	输入一个无符号十进制整型数据(unsigned int)
%o	输入一个无符号八进制整型数据
%x，%X	输入一个无符号十六进制整型数据
%c	输入一个字符型数据(char)
%s	输入一个字符串，到第一个空格结束
%f	输入一个有符号十进制浮点型数据(形如：[-]dddd.dddd)

表 1.10　附加格式字符

附加字符	功 能 说 明
l	输入长整型(%ld, %lo, %lx)及 double 型数据(%lf, %Le)
h	输入短整型数据(%hd, %ho, %hx)
w(域宽)	指定输入数据宽度(列宽)，系统自动截取用户所规定的位数，w 为整数
*	虚读：本输入项在读入数据后不赋给下一变量

【例 1.12】 调试程序时，输入"123456"，观察变量 a, b 取值方式。

程序清单如下：

```
#include <iostream>
using namespace std;
void main()
{    int a, b;
     scanf("%3d%3d", &a, &b);
     printf("a=%d, b=%d\n", a, b);
}
```

程序运行时输入

123456↙

运行结果为

a=123, b=456

系统将 123 赋给变量 a，456 赋给变量 b。

用附加字符"＊"虚读数据的作用是将排列在原始数据中的没有用的数据取出，以便下一个变量得到所需的数据，其格式是"%*"后加上格式字符。

在使用 "%c" 格式符输入字符数据时，空格字符和"转义字符"都作为有效字符输入。

【例 1.13】 空格作为字符数据读入。

程序清单如下：

```
#include <iostream>
```

```
        using namespace std;
        void main()
          {   char a, b, c;
              scanf("%c%c%c", &a, &b, &c);              // 3 个变量的数据要连续读入
              printf("%c%c%c\n", a, b, c);
          }
```

如果程序运行时输入：

　　X■Y■Z↙

运行结果为

　　X■Y

系统将 X 赋给变量 a，将空格字符赋给变量 b，将 Y 赋给变量 c。

上机调试时需注意：输入数据时，遇到以下情况时系统认为该变量读数据结束。

① 遇到空格，或按下 Enter 键或 Tab 键。

② 指定宽度读完，如 "%3d"，只取 3 位整数。

③ 遇到非法输入。

【例 1.14】 由于数据类型不匹配，结束了变量 a 的取值，注意 "v" 字符的作用。
程序清单如下：

```
        #include <iostream>
        using namespace std;
        void main()
        {   int a;
            char b;
            float c;
            scanf("%d%c%f", &a, &b, &c);
            printf("a=%d, b=%c, c=%f\n", a, b, c);
        }
```

程序运行时应输入：

　　12v345.678↙

运行结果为

　　a=12, b=v, c=345.678009

说明：12v345.678 是连续输入的一个字符串，字符 v 分隔了两个数据，由于 a 是整型，所以取完 "12" 后结束，b 是字符型，只取一个字符 "v"，c 是浮点型，取 "345.678009"。

虽然 scanf( )函数与 printf( )函数格式符基本相同，但在输入实型数据时不能规定数据精度。例如：

```
        scanf("%7.2f", &c);
```

是不合法的。

下面介绍多条 scanf()函数出现时上机调试的方法：

【例 1.15】在一个程序中出现几次 scanf( )函数的调用，可按规定格式顺序在一行内(或几行)完成输入。

程序清单如下：

```
#include <iostream>
using namespace std;
void main()
{    int a, b, c, d, e, f;
     scanf("%d %d", &a, &b);
     scanf("%d %d", &c, &d);
     scanf("%d", &e);
     scanf("%d", &f);
     printf("a=%d, b=%d, c=%d, d=%d, e=%d, f=%d\n", a, b, c, d, e, f);
}
```

程序运行时输入：

1✓

2✓

3✓

4✓

5✓

6✓

也可以按调用行一一输入，总之，数据的顺序要和变量的书写顺序一一对应。

1 2✓

3 4✓

5✓

6✓

【例 1.16】 给要输入数据加上提示，以方便数据输入，避免调试过程中给错值，调用 printf( )函数完成此功能。

程序清单如下：

```
#include <stdio.h>
void main()
{    char c1, c2;
     int i1, i2;
     printf("input char c1, c2:\n");          //原样输出屏幕提示信息：input char c1, c2：
     scanf("%c, %c", &c1, &c2);               //在 input char c1, c2 下一行输入 a, b
     printf("input int i1, i2:\n");            //原样输出屏幕信息：input int i1, i2 ：
     scanf("%d, %d", &i1, &i2);               //在 input int i1, i2 下一行输入 3, 5
     printf("%c, %c\n", c1, c2);
     printf("%d, %d\n", i1, i2);
}
```

程序运行时用户窗口出现此提示内容"input char c1, c2: "后，用户输入数据：

a, b✓

用户窗口再次出现"input int i1, i2: "用户输入数据：

　　3, 5↙

该程序两次出现提示信息，分别由 printf("input char c1, c2:\n")语句和 printf("input int i1, i2:\n") 语句实现。

运行结果为

　　a, b

　　3, 5

1.7.2　C++ 的输入/输出

1. I/O 流介绍

在 C++ 面向对象程序设计中，将数据的输入/输出看做一个对象到另一个对象的流动。处理输入/输出的对象称为"输入流/输出流"。从流中获取数据的操作称为提取操作，向流中添加数据的操作称为插入操作。在 C++ 标准输入/输出库文件 iostream 中预定义的流类对象有 cin、cout、cerr 和 clog，cin 是标准输入流，cout 是标准输出流，cerr 和 clog 是错误信息流。C++ 预定义的标准流如表 1.11 所示。

表 1.11　C++ 预定义的标准流

流名	含义	默认设备	流名	含义	默认设备
cin	标准输入	键盘	cerr	标准出错输出	显示器
cout	标准输出	显示器	clog	cerr 的缓冲形式	显示器

2. 预定义的插入符和提取符

当程序需要在屏幕上显示输出时，可以使用插入操作符"<<"向 cout 输出流中插入字符，格式如下：

　　cout<<表达式 1<<表达式 2...;　　　//输出的表达式在 C++ 中称对象

例如：

　　cout<<"This is a program.\n";

　　cout<<"a+b="<<a+b;

在输出语句中可以串联多个插入运算符，输出多个数据。在插入运算符后可以加任意复杂的表达式。

当程序需要执行键盘输入时，可以使用提取操作符">>"，从输入流 cin 中提取数据送入变量中。格式如下：

　　cin>>变量 1>>变量 2...;

例如：

　　int a, b;

　　cin>>a>>b;　　　　　　　　//给变量 a, b 赋值

在输入语句中，提取操作符 >> 可以连续多个，每一个后面跟一个变量，该表达式一定使用存放输入数据的变量。

将例 1.4 改写成 C++ 程序，源代码如下：

```
#include <iostream>
```

```
using namespace std;
void main()
{   cout<<"This is a C program." <<end1;   //相当于 printf("This is a C program.\n");
}
This is a C program.
```

说明：endl 是 C++ 标准库中的操纵符，包含于 iostream，命名空间为 std。末尾为字母 l(小写)而非数字 1，含义是 end of line。endl 与 cout 搭配使用，意思是输出结束。其作用是：① 将换行符写入输出流；② 清空输出缓冲区，将内容送入输出设备输出(即刷新输出流)。

将例 1.16 改写成 C++ 程序，源代码如下：

```
#include <iostream>
using namespace std;
void main()
{
    char c1, c2;
    int i1, i2;
    cout<<"input char c1, c2: "<<endl;       //原样输出屏幕信息：input char c1 c2:
    cin>>c1>>c2;                              //在 input char c1, c2 下一行输入 a b
    cout<<"input int i1, i2:"<<endl;          //原样输出屏幕信息：input int i1, i2 :
    cin>>i1>>i2;                              //在 input int i1, i2 下一行输入 3 5
    cout<<c1<<"    "<<c2<<endl;               //输出 a b 并换行
    cout<<i1<<"    "<<i2<<endl;               //输出 3 5 并换行
}
```

3. 控制符简介

改变 C++ 输出格式比较简单的方法是使用控制符(操纵函数)，控制符是 C++ 标准库文件 iomanip 中的对象，常用控制符如表 1.12 所示。

表 1.12 常用控制符

常用控制符	描 述
dec	置基数为 10
hex	置基数为 16
oct	置基数为 8
setfill(c)	设填充字符为 c
setprecision(n)	设显示小数精度为 n 位
setw(n)	设域宽为 n 个字符
setiosflages(ios::fixed)	固定的浮点显示
setiosflages(ios::left)	左对齐
setiosflages(ios::right)	右对齐
setiosflages(ios::skipws)	忽略前导空格
setiosflages(ios::uppercase)	16 进制数大写输出
setiosflages(ios::lowercase)	16 进制数小写输出

控制符引用是以一个流引用作为参数，嵌入到输入或输出流中。控制符所在的头文件为 include <iomanip>。例如：

> cout << setiosflags (ios :: left) ;

其中：setiosflags 为控制符(操纵函数)；ios 为流(预定义类) ；:: 为域符(作用域区分符)；left 为成员函数。

4．常用控制符的应用举例

1) 控制实型数值输出

setiosflages(ios::fixed)	//设置小数以定点数形式输出
setiosflages(ios::scientific)	//设置小数以浮点数形式输出，默认格式
setprecision(n)	//设置输出小数的精度，n 的默认值为 6

说明：

(1) 实型数即小数。小数被截断显示时，进行四舍五入，但不影响数据的实际值。

(2) 数据在计算机中存储，有浮点和定点两种形式。浮点数中小数点的位置是不固定的，存储方式为底数＋尾数的格式，其实就是科学记数法。小数点在底数的最左面，尾数表示实际应将小数点向右(尾数为 +)或向左(尾数为 −)移动的位数。用这种方法可以表示很大的数，不过会损失一些精度。小数通常使用浮点形式存储。定点数是指小数点的位置固定不变，小数点默认为在最后一位数的右方，在存储器中直接存储，整数通常使用定点形式存储，定点数受字长的限制，超出范围会有溢出。

(3) C++ 流输出默认以浮点形式输出小数，默认输出格式为十进制小数，6 位有效数字(从左边第 1 位不为 0 的数字算起)，当数据较大或较小时自动转换成科学计数法表示的小数形式。

(4) setprecision(n)与 setiosflages(ios::fixed)配合，表示小数点后保留 n 位，setprecision(n)与 setiosflages(ios::scientific)配合或默认时表示保留有效数字 n 位。n 至少为 1。

【例 1.17】 设置浮点数值显示格式。

程序清单如下：

```
#include <iostream>
#include <iomanip>              //C++标准库文件 iomanip 包含流输出所需的格式控制函数
using namespace std;
void main ( )
{
    double amount = 22.0 / 7;
    cout << amount << endl ;                         //默认格式输出
    cout << setprecision ( 0 ) << amount << endl;     // n 为 0，不起作用
         << setprecision ( 2 ) << amount << endl     //输出 2 位有效数字
         << setprecision ( 4 )<< amount << endl;      //输出 4 位有效数字
    cout << setiosflags ( ios :: fixed ) ;            //定点格式输出
    cout << setprecision ( 8 ) << amount << endl ;    //输出 8 位小数
    cout << setiosflags ( ios :: scientific ) ;       //重新设置成默认格式
```

```
        cout <<setprecision(6);
           cout<< amount << endl ;
     }
```

运行结果：

    3.14286

    3.14286

    3.1

    3.143

    3.14285714

    3.14286

将 double amount = 22.0 / 7; 改为 double amount = 22.0 / 13075143;

重新调试运行，结果为

    1.68258e-006

    1.68258e-006

    1.7e-006

    1.683e-006

    0.00000168

    1.68258e-006

2) 设置输出宽度

setw(n)表示设置输出数据宽度为 n 个字符宽。

说明：当 n > 数据长度时，按定义长度数据右对齐；n < 数据长度时，数据按实际宽度显示。例如：

```
        float pi=3.14159;
        cout<<setw(10)<<pi<<setw(3)<<pi;        //定义以 10 个和 3 个字符宽度输出 pi
        cout<<setw(12)<<pi<<pi;                 //定义以 12 个和默认格式输出  pi
```

3) 输出八进制数和十六进制数

dec 表示十进制形式输出；oct 表示八进制形式输出；hex 表示十六进制形式输出，以上 3 个控制符在 iostream.h 文件中。

```
        setiosflags(ios::uppercase)             //十六进制大写输出
        setiosflags(ios::lowcase)               //十六进制小写输出
```

【例 1.18】 输出十进制、八进制和十六进制数。

程序清单如下：

```
        #include <iostream>
        #include<iomanip>
        using namespace std;
        void main( )
        {
            int   number=1001;
```

```
        cout<<"Decimal:    " <<dec<< number<<endl;
        cout<<"Octal:      " <<oct<< number<<endl ;
        cout<<"Hexadecimal:    "<<hex<<number<<endl ;
    }
```

运行结果：
```
    Decimal:        1001
    Octal:          1751
    Hexadecimal:        3e9
```

4) 设置填充字符

setfill(c)：以字符形式填充指定场宽中多余空格，控制符在 iomanip.h 中。

【例 1.19】 设置填充格式输出数据。

程序清单如下：

```
    #include <iostream>
    #include < iomanip >
    using namespace std;
    void main ( )
    {
        int    number = 123 ;
        cout<<setfill('*')<<setw(2)<<number<<endl<<setw(4)<<number<<endl
            <<setw(6)<<number<<endl<<setw(8)<<number<<endl;
    }
```

运行结果：
```
    123
    *123
    ***123
    *****123
```

5) 左右对齐输出

```
    setiosflags( ios::left )          //在指定输出域中输出左对齐
    setiosflags( ios::right )         //在指定输出域中输出右对齐
```

控制符在 iomanip.h 中。

【例 1.20】 设置对齐格式输出数据。

程序清单如下：

```
    #include <iostream>
    #include<iomanip>
    using namespace std;
    int main( ){
    cout<<setfill('*')<<setw(10)<<setiosflags(ios::left)
        <<"Title"<<endl
        <<setw(10)<<setiosflags(ios::right)
```

```
            <<"Date"<<endl;
    cout.setf(ios::left, ios::adjustfield);              //重置标记
        cout<<setfill('*')<<setw(10)<<setiosflags(ios::left)
        <<"Title"<<setw(10)<<setiosflags(ios::right)
        <<"Date"<<endl;
        return 0;
    }
```

或者

```
    #include <iostream>
    #include <iomanip>
    using namespace std;
    int main( ){
        cout<<setfill('*')<<setw(10)<<left
            <<"Title"<<endl;
        cout<<setw(10)<<right <<"Date"<<endl;
        cout<<left<<setw(10)<< "Title"
            <<setw(10)<<right<<"Date"<<endl;
        return 0;
    }
```

或者

```
    #include <iostream>
    #include<iomanip>
    using namespace std;
    void main( )
    {
        cout<<setfill('*')<<setw(10)<<setiosflags(ios::left)<<"Title"<<endl
            <<setw(10)<<setiosflags(ios::right)<<"Date"<<endl<<setw(10)
            <<setiosflags(ios::left ) << "Title" <<setw(10)
            <<setiosflags(ios::right)<<"Date"<<endl;
    }
```

运行结果：

```
    Title*****
    ******Date
    *****Title******Date
```

1.7.3　非格式化字符输入/输出函数

　　下面我们介绍 C 语言中常用的两个非格式化输入/输出字符函数，它们是 getchar( )函数和 putchar( )函数。它们与格式化输入/输出函数同在 C 标准输入/输出库文件 stdio.h 中，C++标准库 iostream 中也兼容了它们。putchar( )函数和 getchar( )函数特点是：只对一个字符操作。

1. putchar()函数

功能：用来向标准输出设备输出一个字符。putchar( )函数的调用格式为

putchar(ch)

其中 ch 为一字符常量或字符变量。

【**例 1.21**】 使用 putchar( )函数输出一个字符。

程序清单如下：

```
#include <iostream>
using namespace std;
void main()
{
    putchar('A');                    //输出字符 A
    putchar('\x41');                 // \x41 为转义字符，输出字符 A
    putchar('\n');                   //换行
    putchar('\'');                   //输出单分号'
}
```

运行结果为

AA

'

2. getchar()函数

功能：从输入设备(键盘上)读入一个字符并回显到屏幕上，getchar()函数没有参数，返回当前读入的字符。getchar()函数的调用格式为

getchar()

【**例 1.22**】 从键盘上输入一个字符，然后输出该字符。用两种方法实现。

程序清单如下：

```
#include <iostream>
using namespace std;
void main()
{
    char c;                          //定义字符变量 c
    c=getchar( );                    //从键盘给字符变量 c 送值
    putchar(c);                      //输出字符变量 c 的值
    putchar('\n');                   //换行
    putchar(getchar());              //输出字符从键盘上输入的字符
}
```

运行时输入：

AB↙

运行结果为

A

B

例 1.18 中两次调用 getchar()函数，第二次调用是作为 putchar()函数的参数出现的，并没有将键盘键入的字符赋给某一个变量，而是直接作函数的参数，这样的用法很常见。程序中 c=getchar()语句的作用相当于：scanf("%c"，&c)；给字符变量 c 赋值。注意：运行时输入的↙(键盘上的 Enter 键)作为有效字符送入输入缓冲区。如果运行时输入 A↙，则第 2 次调用的 putchar()函数获得↙。

1.8　C 程序的编辑、编译、连接和执行

C 程序输入到计算机并得到结果必须经过编辑、编译、连接和执行这几个主要步骤。

1. 编辑

一个 C/C++ 源程序是一个编译单位，它是以文本格式保存的。文件的扩展名(或后缀名)为 .c.cpp。例如：myfile.c 是 C 的源程序，而 myfile.cpp 是 C++ 源程序。

2. 编译

源程序建立好后，经检查无误后就可以进行编译。经过编译后，系统会自动生成二进制程序(.obj)，称为“目标文件”。例如 myfile.cpp 或 myfile.c 源程序文件编译后生成 myfile.obj 文件。

3. 连接

源程序经过编译后所生成的目标文件(.obj)是相对独立的模块，但不能直接执行，用户必须用连接编辑器将它和其他目标文件以及系统所提供的库函数进行连接，生成可执行文件(.exe)才能执行。例如：myfile.c 源程序经过文件编译、连接后生成 myfile.exe 文件。

4. 执行

可执行文件生成后，可直接执行它。若执行后达到预想的结果，则说明程序编写正确，否则，修改源程序直到得出正确结果为止。

除此之外，还要经过一些中间步骤。C 程序从编辑到运行所经过的各个环节如图 1.6 所示。

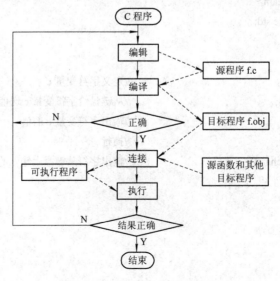

图 1.6　C 源程序调试全过程

1.9 Visual C++ 的上机环境介绍

Visual C++(简称 VC++)是目前用得最多的 C++ 编译系统，本书以 Visual C++ 6.0 英文版为背景来介绍 Visual C++ 的上机操作。

1.9.1 Visual C++ 的安装和启动

Visual C++ 是 Visual Studio 的一部分，执行 Visual Studio 光盘中的 setup.exe，并按屏幕上的提示进行安装即可。

安装结束后，在 Windows 的"开始"菜单的"程序"子菜单中就会出现"Microsoft Visual Studio"子菜单。

使用 Visual C++ 编辑程序时，只需从桌面上顺序选择"开始"→"程序"→"Microsoft Visual Studio"→"Visual C++ 6.0"命令，此时屏幕上在短暂显示 Visual C++ 6.0 的版权页后，出现 Visual C++ 6.0 的主窗口，如图 1.7 所示。

也可以先在桌面上建立 Visual C++ 6.0 快捷方式的图标，这样在需要使用 Visual C++ 时只需双击桌面上的该图标即可，此时屏幕上会弹出如图 1.7 所示的 Visual C++ 主窗口。

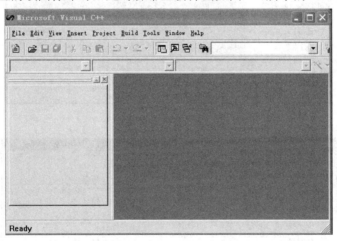

图 1.7　Visual C++ 6.0 主窗口

Visual C++ 主窗口的顶部是 Visual C++ 的主菜单栏。其中包含 9 个菜单项：File(文件)，Edit(编辑)，View(查看)，Insert(插入)，Project(项目)，Build(构建)，Tools(工具)，Window(窗口)，Help(帮助)。以上各项在括号中的是 Visual C++ 6.0 中文版中的中文显示。

主窗口的左侧是项目工作区窗口，右侧是程序编辑窗口。工作区窗口用来显示所设定的工作区的信息，程序编辑窗口用来输入和编辑源程序。

1.9.2 输入和编辑源程序

程序只由一个源程序文件组成的称为单文档程序，由多个程序文件组成的称为多文档程序。先介绍单文档程序的编辑与调试。

1. 新建一个 C++ 源程序的方法

新建一个 C/C++ 源程序，步骤如下：

(1) 在 Visual C++ 主窗口的主菜单栏中选择"File"(文件)命令，然后选择"New"(新建)命令(见图 1.8)，屏幕上出现一个"New"(新建)对话框。单击此对话框的上方的"Files"(文件)，在其下拉菜单中选择"C++ Source File"项，表示要建立新的 C++ 源程序文件，然后在对话框右半部分的"Location"(目录)文本框中输入准备编辑的源程序文件的存储路径(设工作路径为 D:\C++)，表示准备编辑的源程序文件将存放在 D:\C++ 的子目录下。在其上方的 File(文件)文本框中输入准备编辑的源程序文件的名字(例如文件名为 test.cpp)，如图 1.9 所示。

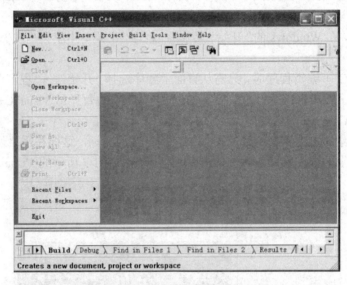

图 1.8　新建文件窗口

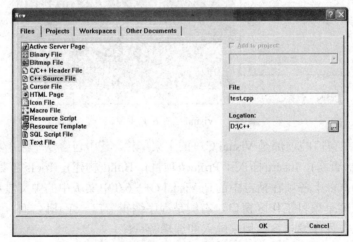

图 1.9　文件命名窗口

这样，即将进行输入和编辑的源程序就以 test.cpp 为文件名存放在 D 盘的 C++ 目录下。当然，读者完全可以指定其他路径名和文件名。

(2) 在单击"OK"按钮后，回到 Visual C++ 主窗口，在窗口的标题栏中显示出

"D:\C++\test.cpp"，同时可以看到光标在程序编辑窗口中已激活，可以输入和编辑源程序了。如图 1.10 窗口中所示的程序。在输入过程中如发现有错误，可以利用全屏幕编辑方法进行修改编辑。

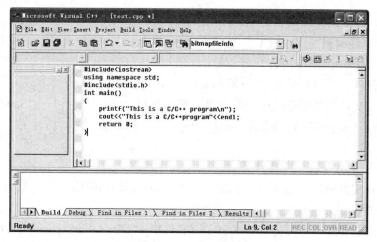

图 1.10　编辑窗口

(3) 如果经检查无误，则将源程序保存在前面指定的文件中，方法是：在主菜单栏中选择"File"(文件)命令，并在其下拉菜单中选择"Save"(保存)命令，如图 1.11 所示。也可以用快捷键 Ctrl + S 来保存文件。

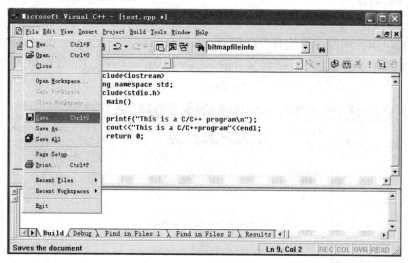

图 1.11　保存文件窗口

如果不想将源程序存放到原先指定的文件中，可以不选择"Save"命令，而选择"Save As"(另存为)命令，并在弹出的"Save As"(另存为)对话框中指定文件路径和文件名。

2．打开一个已有的程序

如果希望打开一已存在的源程序文件，并对它进行修改，方法是：

(1) 在"资源管理器"或"我的电脑"中按路径找到已有的 C++ 程序(如 D:\C++\test.cpp)。

(2) 双击此文件名，则进入 Visual C++ 集成环境，并打开了该文件，程序已显示在编辑窗口中。也可以用 Ctrl + O 或单击工具栏中的小图标来打开文件。

(3) 如果修改后回存该程序文件,可以选择"File"(文件)→"Save"(保存)命令,或用快捷键 Ctrl + S,或单击工具栏中的小图标来保存文件。

3．通过已有的程序建立一个新程序的方法

如果用户已经编辑并保存过 C++ 源程序,则可以通过一个已有的程序来建立一个新程序,利用已有程序中的部分内容,方法是:

(1) 打开任何一个已有的源文件(例如 test.cpp)。

(2) 利用该文件的基础修改成新的文件,然后选择"File"(文件)→"Save as"(另存为)命令将它以另一文件名另存(如以 test_1.cpp 名字另存),这样就生成了一个新文件 test_1.cpp。

用这种方法很方便,但应注意:

(1) 保存新文件时,不要错用"File"→"Save"(保存)操作,否则原有文件(test.cpp)的内容就被修改了。

(2) 在编辑新文件前,应先选择"File"(文件)→"Close Workspace"(关闭工作区,这很重要)命令将原有的工作区关闭,以免新文件在原有的工作区进行编译。

1.9.3　编译、连接和运行

1．程序的编译

在编辑和保存了源文件以后,若需要对该源文件进行编译,则单击主菜单栏中的 Build(编译),在其下拉菜单中选择"Compile test.cpp"(编译 test.cpp)命令,如图 1.12 所示。由于建立(或保存)文件时已指定了源文件的名字 test.cpp,因此在 Build 菜单的"Compile"命令中显示了现在要编译的源文件名 test.cpp。

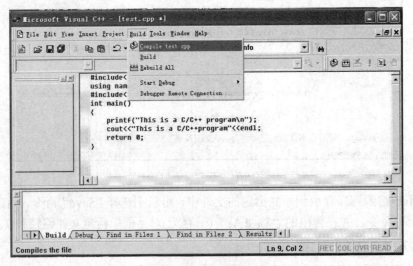

图 1.12　编译窗口

在选择"编译"命令后,屏幕上出现一个对话框,内容是"This build command requires an active project workspace.Would you like to creat a default project workspace?"(此编译命令

要求一个有效的项目工作区。你是否同意建立一个默认的项目工作区),如图 1.13 所示。单击"是"按钮,表示同意由系统建立默认的项目工作区,然后开始编译。

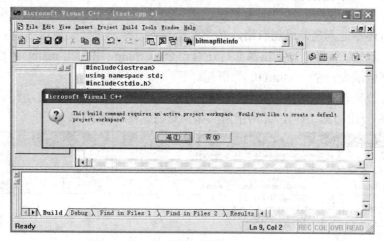

图 1.13　出现编译对话框

也可以不用选择菜单的方法,而用 Ctrl + F7 键来完成编译或选用图标方式。

在进行编译时,编译系统检查源程序中有无语法错误,然后在主窗口下部的调试窗口中输出编译的信息,如果有错,就会指出错误的位置和性质,如图 1.14 所示。

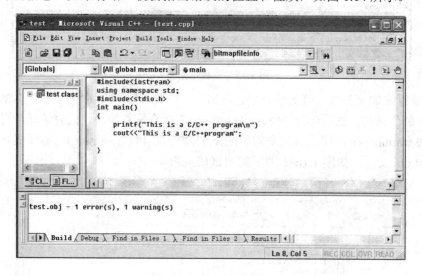

图 1.14　错误提示窗口

2. 程序的调试

程序调试的任务是发现和改正程序中的错误,使程序能正常运行。编译系统能检查出程序中的语法错误。语法错误分两类:一类是致命错误,以 error 表示,如果程序中有这类错误,就通不过编译,无法形成目标程序,更谈不上运行了。另一类是轻微错误,以 warning(警告)表示,这类错误不影响生成目标程序和可执行程序,但有可能影响运行的结果。因此也应当尽量改正,使程序既无 error,又无 warning。

在图 1.14 所示的调试信息窗口中可以看到编译的信息,指出源程序有一个 error 和一个 warning。第 7 行有致命错误，错误的种类是：在本行之前漏了 "；"。检查图 1.14 中的程序，果然发现在第 6 行末漏了分号。有些读者可能要问：明明是第 6 行有错，怎么在报错时说成是第 7 行有错呢？这是因为 C++ 允许将一个语句分写成几行，因此检查完第 6 行末尾无分号时还不能判定该语句有错，必须再检查下一行，直到发现第 8 行的 "}"，应检查其上下行。此外，编译信息指出第 7 行还有一个 warning，并指出 main() 函数需要有一个返回值，程序中缺少一个 "return 0；" 语句。

　　现在进行改错，单击调试信息窗口中的报错行(第 1 行)，光标就自动移到程序窗口中被报错的程序行(比如第 7 行)，并用粗箭头指向该行，如图 1.15 所示。

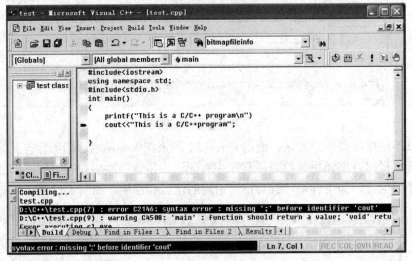

图 1.15　错误信息窗口

　　在第 6 行末加上分号，第 7 行分号之前加入 "<<endl"，使程序更完善。再增加新的一行 "return 0；" 语句；然后选择 "Compile test.cpp" 命令重新编译，此时编译信息提示："0 error(s)，0 warning(s)"，即没有致命错误(error)和警告性错误(warning)，编译成功，这时产生一个 test.obj 文件。如图 1.16 中的下部调试信息窗口。

图 1.16　重新编译窗口

3．程序的连接

目标程序生成后，就可以对程序进行连接了。此时应选择"Build"(构建)→"Build test.exe"(构建 test.exe)命令，如图 1.17 所示，表示要求连接并建立一个可执行文件 test.exe。

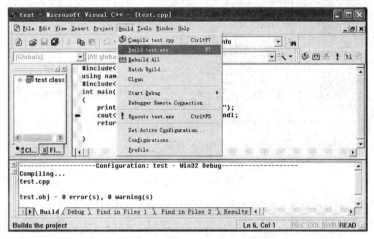

图 1.17　连接窗口

在执行连接后，在调试输出窗口中显示连接时的信息，说明没有发现错误，生成了一个可执行文件 test.exe，如图 1.18 所示。

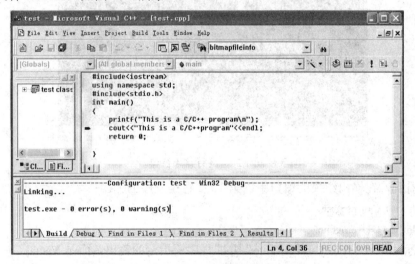

图 1.18　连接结果窗口

以上介绍的是程序的编译与连接，也可以选择"Build"→"Build"命令(或按 F7 键)一次完成编译与连接。对于初学者来说，还是提倡分步进行程序的编译与连接，因为程序出错的机会较多，最好等到上一步完全正确后再进行下一步。对于有经验的程序员来说，在对程序比较有把握时，可以一步完成编译与连接。

4．程序的运行

在得到可执行文件 test.exe 后，就可以直接执行 test.exe 了。选择"Build"→"！Execute test.exe"(执行 test.exe)命令，如图 1.19 所示。

图 1.19　运行窗口

在选择"！Execute test.exe"命令后，即开始执行 test.exe。也可以不通过选择菜单命令，而用 Ctrl + F5 键来实现程序的执行。程序执行后，屏幕切换到输出结果的窗口，显示出运行结果，如图 1.20 所示。

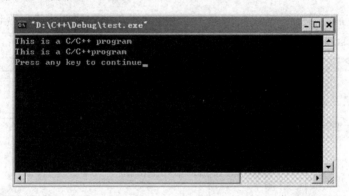

图 1.20　运行结果窗口

可以看到，在输出结果的窗口中的第 1，2 行是程序的输出：

　　This is a C++ program.

　　This is a C++ program.

第 3 行"Press any key to continue"并非程序所指定的输出，而是 Visual C++ 在输出完运行结果后由 Visual C++ 6.0 系统自动加上的一行信息，通知用户"按任何一键以便继续"。当用户按下任何一键后，输出窗口消失，回到 Visual C++ 的主窗口，用户可以继续对源程序进行修改补充或进行其他工作。

如果已完成对一个程序的操作，不再对它进行其他处理，应当选择"File"(文件)→"Close Workspace"(关闭工作区)命令，以结束对该程序的操作。

1.9.4　建立和运行包含多个文件的程序的方法

上面介绍的是最简单的情况，一个程序只包含一个源程序文件。如果一个程序包含多个源程序文件，则需要建立一个项目文件(project file)，在这个项目文件中包含多个文件(包括源文件和头文件，例如教材中[例 5.15]等)。项目文件是放在项目工作区(Workspace)中并在项目工作区的管理之下工作的，因此需要建立项目工作区，一个项目工作区可以包含一个以上的项目。在编译时，先分别对每个文件进行编译，然后将项目文件中的文件连接成一个整体，再与系统的有关资源连接，生成一个可执行文件，最后执行这个文件。

在实际操作时有两种方法：一种是由用户建立项目工作区和项目文件；另一种是用户只建立项目文件而不建立项目工作区，由系统自动建立项目工作区。

1．由用户建立项目工作区和项目文件

(1) 先用前面介绍过的方法分别编辑好同一程序中的各个源程序文件，并存放在自己指定的目录下，例如，有一个程序包含 file1.cpp 和 file2.cpp 两个源文件，并已把它们保存在 D:\C++ 子目录下。

(2) 建立一个项目工作区。在如图 1.7 所示的 Visual C++ 主窗口中选择"File"(文件)→"New"(新建)命令，在弹出的 New(新建)对话框中选择上部的选项卡 Workspace(工作区)，表示要建立一个新的项目工作区。在对话框中右部 Workspace name(工作区名字)文本框中输入用户指定的工作区的名字(如 ws1)，如图 1.21 所示。

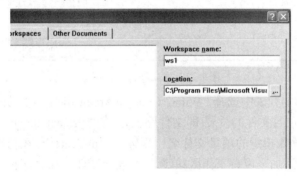

图 1.21　工作区命名窗口

然后单击右下部的 OK 按钮。此时返回 Visual C++ 主窗口，如图 1.22 所示。

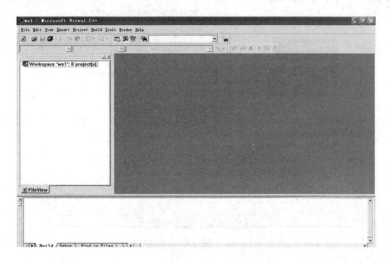

图 1.22　返回主窗口

可以看到，在左部的工作区窗口中显示了"Workspace ws1：0 project(s)"，表示当前的工作区名是 ws1，其中有 0 个 project(没有在其中放项目文件)。

(3) 建立项目文件。选择"File"(文件)→"New"(新建)命令，在弹出的 New(新建)对话框中选择上部的选项卡 Projects(项目，中文 Visual C++ 把它译为"工程")，表示要建立一个项目文件，如图 1.23 所示。

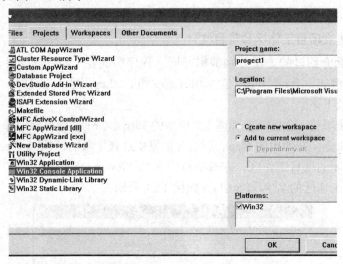

图 1.23　建立项目文件窗口

在对话框中左部的列表中选择"Win32 Console Application"项，并在右部的"location"(位置)文本框中输入项目文件的位置(即文件路径)，在"Project name"(中文界面中显示为"工程")文本框中输入指定的项目文件名，现输入"project1"。在窗口右部选中"Add to current workspace"(添加至现有工作区)单选钮，表示新建的项目文件是放到刚才建立的当前工作区中的。然后单击 OK(确定)按钮。此时弹出一个如图 1.24 所示的对话框，在其中选中"An empty project"单选钮，表示新建立的是一个空的项目。

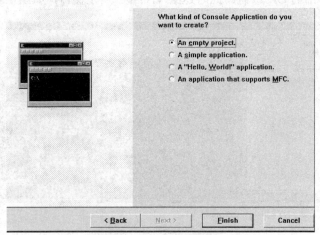

图 1.24　建立空项目窗口

单击"Finish"(完成)按钮。系统弹出一个"New Project Information"(新建工程信息)对话框(见图 1.25)，显示了刚才建立的项目的有关信息。

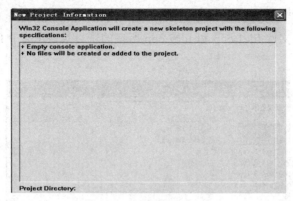

图 1.25 项目有关信息窗口

在其下方可以看到项目文件的位置(文件路径)。确认后单击 OK(确定)按钮。此时又回到 Visual C++ 主窗口，可以看到：左部窗口中显示了"Workspace 'ws1'：1 project(s)"，其下一行为"project1 files"，表示已将项目文件 project1 加到项目工作区 ws1 中，如图 1.26 所示。

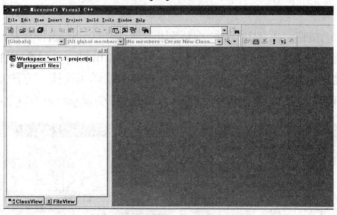

图 1.26 项目文件添加成功窗口

(4) 将源程序文件放到项目文件中。方法是：在 Visual C++ 主窗口中依次选择"Project"(工程)→"Add To Project"(添加到项目中，在中文界面上显示为"添加工程")→"files…"命令，如图 1.27 所示。

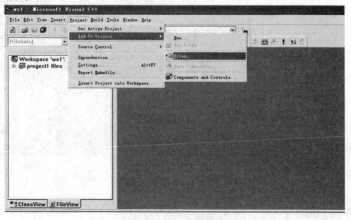

图 1.27 添加源文件窗口

在选择"files…"命令后，屏幕上出现"Insert Files into Project"对话框。在上部的列表框中按路径找到源文件 file1.cpp 和 file2.cpp 所在的子目录，并选中 file1.cpp 和 file2.cpp，如图 1.28 所示。

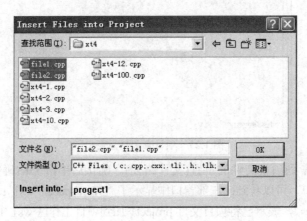

图 1.28　选择文件窗口

单击 OK(确定)按钮，就把这两个文件添加到项目文件 project1 中了。

(5) 编译和连接项目文件。由于已经把 file1.cpp 和 file2.cpp 两个文件添加到项目文件 project1 中，因此只需对项目文件 project1 进行统一的编译和连接。方法是：在 Visual C++ 主窗口中选择"Build"(编译)→"Build project1.exe"(构建 project.exe)命令，如图 1.29 所示。

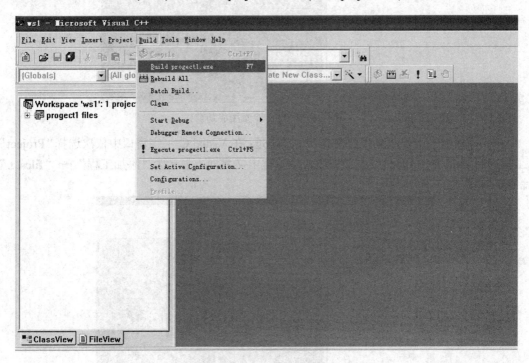

图 1.29　编译窗口

在选择"Build project1.exe"命令后，系统对整个项目文件进行编译和连接，在窗口的下部会显示编译和连接的信息。如果程序有错，会显示出错信息，如果无错，会生成可执行文件 project1.exe，如图 1.30 所示。

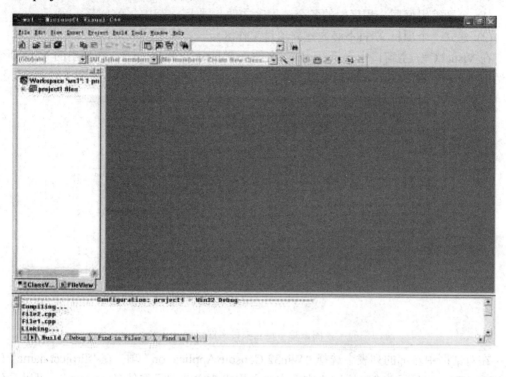

图 1.30　生成可执行文件窗口

(6) 执行可执行文件。选择"Build"(编译)→"Execute project1.exe"(执行 project1.exe)命令，就执行 project1.exe，在运行时输入所需的数据，如图 1.31 所示。

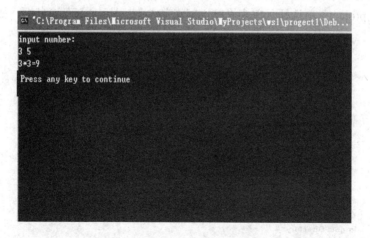

图 1.31　运行窗口

2．用户只建立项目文件

上面介绍的方法是先建立项目工作区，再建立项目文件，步骤比较多。可以采取简化的方法，即用户只建立项目文件，而不建立项目工作区，由系统自动建立项目工作区。

在本方法中，保留上一节中介绍的第(1)、(4)～(6)步，取消第(2)步，修改第(3)步。具体步骤如下：

(1) 分别编辑好同一程序中的各个源程序文件。同上一节中的第(1)步。

(2) 建立一个项目文件(不必先建立项目工作区)。

在 Visual C++ 主窗口中选择"File"(文件)→"New"(新建)命令，在弹出的 New(新建)对话框中选择上部的 Project(项目)选项卡，表示要建立一个项目文件，如图 1.32 所示。

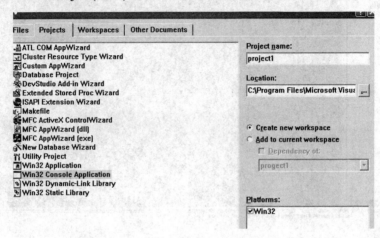

图 1.32　建立项目文件窗口

在对话框中左部的列表中选择"Win32 Console Application"项，在"Project name"(中文 Visual C++ 中显示为"工程")文本框中输入用户指定的项目文件名(project1)。可以看到：在右部的中间的单选钮处默认选定了 Create new workspace(创建新工作区)，这是由于用户未指定工作区，系统会自动开辟新工作区。

单击 OK(确定)按钮，出现"Win32 Console Application-step 1 of 1"对话框，选中右部的"An empty project"单选钮，单击"Finish"(完成)按钮后，出现消息框，如图 1.33 所示。

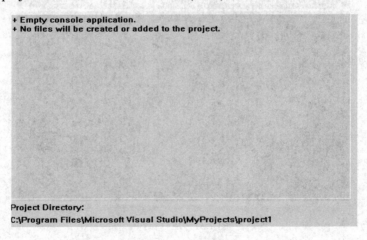

图 1.33　消息框窗口

从它的下部可以看到项目文件的路径(中文 Visual C++ 中显示为"工程目录")。单击 OK(确定)按钮，在弹出的 Visual C++ 主窗口的左部窗口的下方单击 File View 按钮，窗口中显示"Workspace 'project1': 1 project(s)"，如图 1.34 所示。

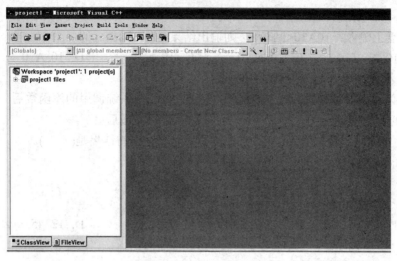

图 1.34 建立单文件程序窗口

说明系统已自动建立了一个工作区，由于用户未指定工作区名，系统就将项目文件名 project1 同时作为工作区名。

(3) 向此项目文件添加内容。步骤与方法一中的第(4)步相同。

(4) 编译和连接项目文件。步骤与方法一中的第(4)步相同。

(5) 执行可执行文件。步骤与方法一中的第(6)步相同。

显然，这种方法比前面的方法简单一些。

在介绍单文件程序时，为了尽量简化手续，这里没有建立工作区，也没有建立项目文件，而是直接建立源文件。实际上，在编译每一个程序时都需要一个工作区，如果用户未指定，系统会自动建立工作区，并赋予它一个默认名(此时以文件名作为工作区名)。

习 题 1

一、单项选择题

1. 二进制语言是属于(　　)。
　　A. 面向机器语言　　　　　　　　B. 面向过程语言
　　C. 面向问题语言　　　　　　　　D. 面向汇编语言

2. 合法的 C 语言标识符是(　　)。
　　A. _a1　　　　　B. a+b　　　　C. 3abc　　　　D. AB, CD

3. C++ 中 cin 和 cout 是(　　)。
A. 一个标准的语句　　　　　　　　B. 预定义的类
C. 预定义的函数　　　　　　　　　D. 预定义的对象

4. 有以下程序段:
　　int m=0, n=0;
　　char c;
　　cin>>m>>c>>n;

```
cout<<m<<c<<n<<endl;
```

若从键盘上输入：10A10<回车>，则输出结果是(　　)。

    A. 10, A, 10   B. 10, a, 10   C. 10, a, 0   D. 10, A, 0

5. C++ 源程序中，main()函数的位置是(　　)。

    A. 必须在程序开头   B. 必须在系统调用的库函数后

    C. 可以是任意位置   D. 必须在最后

6. 执行下列程序时，输入"12345xyz"，则程序输出的结果是(　　)。

```
int x;char y;
cin>>x>>y;
cout<<x<<", "<<y<<endl;
```

    A. 123, xyz   B. 12345, x   C. 123, x   D. 12345, xyz

7. 若有以下程序：

```
scanf("%d, %d", &i, &j);
printf("i=%d, j=%d\n", i, j);
```

要求，给 i 赋 20，j 赋 10，则应该从键盘输入(　　)。

    A. 20, 10   B. 2010   C. 20 10   D. %d20, %d10

二、填空题

1. C 源程序文件扩展名是_____；C++ 源程序文件扩展名是_____；经过编译后，生成的文件扩展名是_____；经过连接后，生成的文件扩展名是_____。

2. 一个 C/C++ 程序是由若干个函数构成的，其中必须有一个_____函数。

3. 定义 VC++ 基本输入/输出库函数的预处理命令是_____。定义 C 语言基本输入/输出库函数的预处理命令是_____。

4. 面向过程的结构化程序由_____、_____和_____三种基本结构组成。

5. 函数体由符号 _____开始，用符号_____结束。函数的前面是_____部分，其后面是_____部分；C++ 函数的数据类型_____省略，因为 C++ 函数没有设置默认值，无需返回值函数使用_____关键字定义。

三、分析理解题

1. 简述 C 程序的组成。

2. 简述 C 程序中函数是如何构成的。

3. 基本 C 语言语句有哪几种？分别叙述出来。

4. 下面哪些是合法的 C 语言一般标识符？

    std-sex, Std-num, 2.13, _2.13, name, int, Int, var-num

    select, File_name, _DATA, define, a+c, new, ok?

5. 如何将 C++ 源程序生成可执行程序？

6. C++ 中有几种注释方法，程序中为什么使用注释？

7. 分析以下程序中使用输出控制符的功能，并写出运行结果。

```
#include <iostream>
#include <iomanip>
```

```
using namespace std;
void main ( )
{
    double num1= 122.07, num2=-33.7801223, mum3=0.1234567123;
    cout << num1 << endl ;                          //默认格式输出
    cout << setprecision ( 0 ) << num2 << endl      //默认格式输出
         << setprecision ( 2 ) << mum3<< endl       //输出 2 位小数
         << setprecision (4)<<num1<<endl;           //输出 4 位小数
    cout << setiosflags ( ios :: fixed ) ;          //定点格式输出定义
    cout << setprecision ( 8 ) <<num2<< endl ;      //输出 8 位小数
}
```

8. 分析以下程序输出格式定义中使用的控制符的功能，并写出运行结果。

```
#include<iostream>
using namespace std;
void main()
{
    float a, b;
    a=123.678900001;
    b=a+10;
    printf("%f, %10.3f", a, a);
    printf("%15.3f\n", b);
}
```

第2章　基本数据类型及运算符

本章介绍 C 语言的基本数据类型和存储类型、基本运算符的运算规则和表达式的构成，为后续章节的学习奠定基础。复杂的数据类型指针和结构体类型等将在第 6、7 章中介绍。

2.1　C/C++ 的数据类型

使用高级语言编写程序，主要工作有两项：一是描述数据，二是描述数据加工的方法。前者是通过数据类型定义语句实现的，后者是通过若干条执行语句，包括用各种运算构成的表达式来实现的。

程序中的每一个数据都属于一定的数据类型，不存在不属于某种数据类型的数据。数据类型是根据它们的取值的不同来区分的，如整型、实型、字符型等。每种类型的数据可以是常量或变量。C/C++ 都提供一组基本的数据类型及针对它们的有关操作。C/C++ 语言还具有构造类型的能力，即可以通过将基本数据类型加以组合，构造出更复杂的类型。C/C++ 语言提供的数据类型如图 2.1 所示。

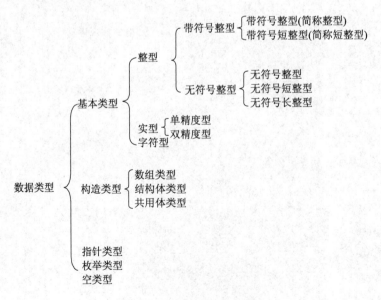

图 2.1　C/C++ 的数据类型

尽管从理论上 C/C++ 有多种数据类型，但它们都是由三种最基本的数据类型构造而成的。这三种基本数据类型是整型、字符型和实型。

2.2　常　　量

常量是程序运行过程中其值不发生变化的数据。常量分为数值型常量、字符型常量和地址常量。其中，数值型常量包括整型常量、实型单精度常量和实型双精度常量；字符型常量包括字符常量和字符串常量。

2.2.1　整型常量

在 C/C++ 语言中，整型常量有三种表示方式，即十进制整型、八进制整型和十六进制整型。其表示方式如表 2.1 所示。

表 2.1　整型数据的表示方式

进 制 数	表 示 方 式	举　　例
八进制整型	由数字 0 开头	034，065，057
十进制整型	如同数学中的数字	123，–78，90
十六进制整型	由 0X 或 0x 开头	0x23，0Xff，0xac

整型常量分 4 种类型，即：基本整型、短整型、长整型、无符号整型。

2.2.2　实型常量

实型常量只用在十进制数中，并有单精度和双精度之分。其表示形式分为一般表示形式和指数表示形式两类。

一般形式的实型常量为十进制小数形式。例如：3.14、0.9999、–3.14159、834、–0.666 等。

指数形式的实型常量由尾数、e (或 E)和指数三部分组成。例如：0.3e05、6.89E-5、9.99e+16 等。其中，0.3、6.89 和 9.99 为尾数，e (或 E)是指数的底数，e(或 E)后边的 05、–5 和+16 为指数。0.3e05 表示的是数学算式中的 0.3×10^5，6.89E-5 表示的是数学算式中的 6.89×10^{-5}，9.99e + 16 表示的是数学算式中的 9.99×10^{16}。注意，字母 e (或 E)之前必须有数字，且 e (或 E)后面的指数必须为整型。

2.2.3　字符常量

字符常量是用单引号括起来的一个字符，其中单分号为定界符。例如：'x', 'a', 'A', 'b', '$', '#'。

字符常量只能是可打印字符，但对某些不可打印字符(如回车符、换行符、响铃符等)，在 C 语言程序中是通过转义字符来表示的。在第 1 章表 1.2 中介绍了转义字符及其含义。如果反斜线之后的字符和它不构成合法的转义序列，则 "\" 不起转义作用而被忽略。例如以下语句：

```
printf("\tab\rcd\n\'ef\\g");
```

执行结果为

```
cd■■■■■■ab
"ef\g
```

在上面语句中，"\t"、"\r"、"\n"、"\""和"\\"，都是转义字符，内存中占用一个字节。

2.2.4　符号常量

在 C 语言中，可以用符号代替常量，该符号称为符号常量。定义符号常量用预处理命令#define 定义。符号常量一般用大写字母以区分其他标识符。符号常量要先定义后使用。定义格式为

　　　　#define 符号常量 字符串

例如：定义三个符号常量 PI、NULL、EOF，分别代表特定字符串。

　　　　#define PI 3.14159

　　　　#define NULL 0

　　　　#define EOF -1

预处理命令又称为宏定义，一个 #define 命令只能定义一个符号常量。每个预处理命令占用一行。符号常量一旦定义，就可在程序中如同常量一样使用，且其值在整个作用域中不能改变也不能被赋值。

【例 2.1】　求一个圆柱体体积，用符号常量代替 π。此程序按 C 语言格式输出。

程序清单如下：

```
#include <stdio.h>
#define PI 3.14159                    //定义 PI 为符号常量
void main()
{   float r, h, v;
    scanf("%f, %f", &r, &h);
    v=PI*r*r*h;                       //将 PI 换成 3.14159 参与运算
    printf("Volume=%f", v);
}
```

运行时输入：

　　　　3, 2↙

运行结果为

　　　　Volume=56.548618

在程序中使用符号常量有两点好处：一是修改程序方便，当程序中多次使用了某个符号常量需要修改时，只需修改其符号常量的预处理命令即可使程序中的所有位置的符号常量都得到修改；二是阅读程序方便，例如上例中，将 3.14159 定义成 PI，很容易就理解该常量是圆周率。关于预处理命令在第 9 章中进一步介绍。

C++中用常量替代预处理命令，例如例 2.1 改写成 C++ 程序如下。

程序清单如下：

```
#include <iostream>
using namespace std;
const float   PI=3.14159;            //定义常量 PI 等于 3.14159
void main()
{
```

```
    float r, h, v;

    cin>>r>>h;

    v=PI*r*r*h;

    cout<<"Volume="<<v<<endl;

}
```

说明：程序中输入/输出以 C/C++ 两种风格出现，目的是训练学生的阅读程序的能力。

2.2.5　字符串常量

字符串常量是用一对双引号括起来的零个或多个字符序列。

例如："I am a student"、"x"、" " 都为字符串常量。

在字符串常量中，双引号(" ")为字符串的定界符，不属于字符串的一部分。如果输出字符串时需要输出双引号，则必须经过转义字符"\""才能实现。

字符串中所含字符的个数称为该字符串的长度。长度为零的字符串(" ")称为空串。

若程序使用了字符串，经编译后，系统自动在每个字符串末尾加上空字符 \0 作为字符串的结尾标志，从而使程序能完整地识别一个字符串，但输出时并不显示 \0。

注意：'\0' 和 '0' 不同，'\0' 是编码为 0 的字符，而 '0' 则是数字 0，其编码为 48。再有 'x' 和 "x" 也是不同的，前者是字符常量，它是单独一个字符 x，其长度为 1。而 "x" 在机器中占 2 个字节存储，其中，一个字节存 'x'，另一个存结尾符 '\0'。

2.3　变　　量

变量是指在程序运行过程中其值可以发生变化的量。通常用来保存程序运行过程中的原始数据、计算过程中获得的中间结果和程序运行的最终结果。

2.3.1　变量的数据类型及其定义

1. 变量的数据类型

变量的类型与其赋给数据的类型是对应的，基本类型有字符型、整型、单精度实型和双精度实型。C 语言的基本数据类型长度和数值范围随 CPU 的类型和编译器的实现不同而异，但对大多计算机，其数值长度和数值范围分别如表 2.2 和表 2.3 所示。

表 2.2　整型数据所占内存长度和数据范围

数　据　类　型	二进制位数/bit	数　据　范　围
int (基本整型)	16(C 语言) 32(C++)	$-32\,768\sim32\,767$　即 $-2^{15}\sim(2^{15}-1)$ $-2\,147\,483\,648\sim2\,147\,483\,647$ 即 $-2^{31}\sim(2^{31}-1)$
short int (短整型)	16(C 语言)	$-32\,768\sim32\,767$
long int (长整型)	32	$-2\,147\,483\,648\sim2\,147\,483\,647$
unsigned int (无符号整型)	16(C 语言)	$0\sim65\,535$　即 $0\sim(2^{16}-1)$
unsigned short int(无符号短整型)	32(C++)	$-2\,147\,483\,648\sim2\,147\,483\,647$
unsigned long int(无符号长整型)	32	$0\sim4\,294\,967\,295$　即 $0\sim(2^{32}-1)$

表2.3　实型数据所占内存长度、数据范围及有效数字

类　型	二进制位数(B)	有效数字	数值范围
float(单精度)	32　(4 个字节)	7	$10^{-38} \sim 10^{38}$
double(双精度)	64　(8 个字节)	15~16	$10^{-308} \sim 10^{308}$
Long double(长双精度)	128(16 个字节)	18~19	$10^{-4931} \sim 10^{4932}$

说明：

(1) 任何类型的数据在计算机内部都是以二进制的形式来存放的。C 语言存储基本整型和短整型数据在内存中占用 2 个字节，它们的表示范围是 –32 768～32 767。

C++ 语言中存储基本整型在内存中占用 4 个字节，它们的表示范围是 –2 147 483 648～2 147 483 647。短整型数据在内存中占用 2 个字节。

(2) 长整型数据范围为 –2 147 483 648～2 147 483 647，占用 4 个字节存储。长整型数据的书写形式是在整数后面加上字母 l(或 L)。例如，0L(或 0l)，–5L(或 –5l)。

(3) 无符号整型数没有符号位，只能表示正数。无符号基本整型的表示范围是 0～65 535(或 0～4 294 967 295)。

(4) 单精度实型数据用 4 个字节存储，它们的表示范围是 $10^{-38} \sim 10^{38}$。

(5) 双精度实型数据用 8 个字节存储，它们的表示范围是 $10^{-308} \sim 10^{308}$。

(6) 字符型数据用一个字节存储。

2. 变量的数据类型定义

C/C++ 规定程序中的变量必须先定义后使用。变量定义格式如下：

　　数据类型符　变量列表；

其中，类型符为关键字 char、int、float、double、unsigned 等；变量列表可以是以逗号分隔的标识符名。

当变量的类型定义后，编译系统就会给该变量按其定义的类型长度分配相应内存单元，用来存放变量的值。以下是合法变量定义语句：

```
int a, b, c;
char ch, str;
double f_1, f_2;
float x, y, z, _w1, _w2;
unsigned int u_1, u_2;          // int 可以省略
long int g1, g2;                // int 可以省略
```

变量定义可以出现在程序的三个地方：

(1) 在函数的内部。在函数的内部(包括复合语句内部)定义的变量称为局部变量。它的作用域是从定义处开始直到此函数(复合语句)结束。

(2) 在函数的参数中。在函数的参数中(在函数名后括号中)定义的变量称为局部变量。它的作用域是从定义处开始直到此函数结束。

(3) 在所有函数的外部。在所有函数的外部定义的变量称为全局变量。它的作用域是从开始处直到程序结束。

使用变量时注意变量的作用域(作用范围)。

2.3.2　变量的存储类型及其定义

1. 变量的存储类型

变量占用内存单元的时间称为"生存期"。程序中，若根据"生存期"区分变量，可分为静态变量和动态变量；若根据"作用域"区分变量，可分为全局变量和局部变量。

程序中使用的数据可存放在 CPU 的寄存器和内存储器中。

(1) CPU 寄存器：CPU 寄存器中存储的数据是动态存储类型，不能长期占用。

(2) 内存：内存中又分为两个区域，即为静态存储区(存储静态变量)和动态存储区(存储动态变量)。

其中，静态变量在程序执行期间长期占有内存单元，直到该程序结束；动态变量是临时占用内存单元，当程序段执行完毕，系统收回内存单元。

在程序中使用的数据存放在哪个存储区是用户在定义变量时指定的。C 程序中使用存储类型说明符来指定变量的存放地点。存储类型符的含义如表 2.4 所示。

表 2.4　数据的存储类型及存储地点

存储类型	存储类型符	存储地点	存储类型	存储类型符	存储地点
自动型	auto	动态存储区	静态型	static	静态存储区
寄存器型	register	CPU 寄存器	外部变量	extern	静态存储区

2. 变量的存储类型的定义

变量存储类型的定义格式为

　　　存储类型　数据类型　变量列表;

变量存储类型分为 4 种。

1) 自动变量

自动变量又称堆栈型。自动变量存储在动态存储区，所以称其为动态存储类型。动态存储区是重复使用的，当某个函数定义了自动变量，C 系统就在动态存储区分配内存单元存放变量的值。当函数调用完毕，退出此函数时，C 系统就会释放该变量，收回它所占的内存单元，以便分配给其他变量所用。自动型变量为系统默认型变量。

【例 2.2】　定义自动整型和字符型变量。此程序按 C 语言格式输出。

程序清单如下：

```
#include <iostream>
using namespace std;
void main()
{
    auto char c1, c2;              //可省略 auto 类型修饰符，C 系统默认为自动型
    auto int i1, i2;
    scanf("%d, %d", &i1, &i2);
    c1=i1;                        //将整型数据赋给字符型变量，相当于直接赋给 ASCII 码值
    c2=i2;
```

```
        printf("%c, %c\n", c1, c2);
        printf("%d, %d\n", c1, c2);
    }
```

运行时输入：

　　97，98✓

运行结果为

　　a, b

　　97, 98

2) 寄存器变量

寄存器变量的数据是存放在 CPU 的通用寄存器中，可不通过内存来直接访问。所以说，访问寄存器变量要比访问内存变量速度快。寄存器变量一般是在函数中定义的，同样退出函数(复合语句)后就释放它所占用的存储单元。

【例 2.3】 函数内部定义寄存器变量。

程序清单如下：

```
        #include <iostream >
        using namespace std;
        void main()
        {
            register int    b;                          //定义变量 b 为寄存器型变量
            b=3;
            cout<<"b="<<b<<endl;
        }
```

运行结果为

　　b=3

说明：函数形参也可以定义为寄存器变量。

3) 静态变量

静态变量存放在静态内存数据区中。静态变量在变量定义时就分配了固定的内存单元，并根据所定义的数据类型存入默认值，在程序运行中一直占用内存单元不释放，直到程序运行结束后。静态变量又分为静态局部变量和静态全局变量。

(1) 静态局部变量。在函数或复合语句中用 static 定义的变量为静态变量，称为静态局部变量，该变量在其函数中或复合语句中有效。静态局部变量所在的函数无论调用多少次，静态局部变量赋初值语句只执行一次，但能够保留住函数每次调用的中间结果，这就相对保持了程序中的独立性。

【例 2.4】 函数 f()中有静态局部变量和自动变量，要理解在多次调用函数 f( )的过程中，两种变量值的变化。

程序清单如下：

```
        int f()
        {
```

```
        static int a=1;              //无论调用多少次此函数，a=1 只执行 1 次
        auto int b=0;                //每次调用时，变量 b 都要重新分配内存单元，执行 b=0
        ...

    }
```

该函数定义的静态局部变量 a，存储在静态存储区，在整个程序运行中一直占有内存单元，第一次调用 f( )函数时执行初始化语句，调用结束后，a 的内存单元不释放，所以 a 中的数据被保留下来，下次调用时可以使用，而 a=1 不再被执行；而 b 是自动变量，存储在动态存储区，每次调用都要执行一次 b=0 语句，也就是重新赋初值为 0，这是因为每次调用结束后 b 的内存单元被释放，下次再调用时，重新获取一个新的内存单元。

(2) 静态全局变量。在函数体外定义的变量称为全局变量。使用关键字"static"定义的全局变量称为静态全局变量，该变量只在本文件中有效，其他的文件不可以使用此变量。

【例 2.5】　理解静态全局变量的存在形式。

程序清单如下：

```
    #include <iostream>
    using namespace std;
    static int a=1;                //变量 a 在此文件中有效，其他文件不可以使用
    void main()
    {
        auto int b=0;
        a=a+1;
        b=b+1;
        cout<<"a="<<a<<", "<<"b="<<b<<endl;
    }
```

运行结果为

```
    a=2，b=1
```

4) 外部变量

C 语言允许将一个源文件程序清单分放在若干个程序文件中(若干个 c/cpp 文件)，采用分块设计统一编译生成每一个目标程序(.obj 文件)，其中每个程序称为一个"编译单位"，最后，将它们连接在一起生成 .exe 文件，从而达到提高编译速度和便于管理大型软件工程的目的。C 语言规定，在某一个源程序中定义的全局变量，其他的多个文件可以使用，数据共享，实现了程序间的数据交流，称为外部变量。

使用关键字 extern 定义的变量称为外部变量(系统默认类型)，在函数体之外定义。全局变量如果不加 static 限制，都是外部变量。外部变量如果与局部变量同名，在局部范围内局部变量优先(具体应用见第 5 章 5.4.4 节)。

2.3.3　变量的初始化

在此前我们多次给一个变量赋初值，使用的是先定义后赋值的方法。但是，还有更简单的方法是，在变量定义的同时赋予初值，称此赋值方法为变量初始化。格式如下：

存储类型符　数据类型符　变量 1=初值 1，变量 2=初值 2……;

例如：

```
static int a=1;                    //将变量 a 定义为静态局部变量，并赋初值 1
auto int a=0, b=-3;                //变量 a，b 定义为自动变量，并分别赋初值 0，-3
char c1='x', c2='y';              //将变量 c1，c2 定义为自动变量，并分别赋字符 x，y
```

2.3.4　基本数据类型的使用

1．整型变量

【例 2.6】 观察同一个数据存在内存单元中，按不同格式(有符号和无符号)输出的结果。
程序清单如下：

```
#include <iostream>
using namespace std;
void main()
{
    unsigned short a=65535;
    short int b=a;                          // a, b 为两个字节，在例 2.7 中同样为 2 个字节
    printf("a=%u\n", a);
    printf("b=%d\n", b);
    printf("a=%d, %o, %x, %u\n", a, a, a, a);    // a 依次按 10、8、16 和无符号格式输出
}
```

运行结果为

```
a=65535
b=-1
a=65535, 177777, ffff, 65535
```

其中，在 C 语言中 65 535 是无符号短整数最大数，在内存中的存放格式如图 2.2 所示，如
果按十进制有符号格式输出时，最高位是 1，则为负数，其余 15 位为数值部分；按八进制
整数格式输出为 177777；按十六进整数格式输出为 ffff。

图 2.2　65535 在内存中存放格式

数据类型一经定义，使用数值的范围随之而定，使用时要考虑数据最大(或最小)允
许值。

【例 2.7】 观察超出短整型数据的最大允许值的输出情况。
程序清单如下：

```
#include <iostream>
using namespace std;
void main()
{    short int a, b;
```

```
    a=32767;                    // VC++ 环境占用 2 个字节，可用数据范围 –32 768～32 767
    b=a+1;                      // b 的值超出最大值范围
    cout<<a<<", " <<b<<endl;
}
```

运行结果为

```
32767, -32768
```

由于 32 767 是短整型数据的最大数，在内存中的存储情况如图 2.3(a)所示，32 767 再加 1 后，最高位变成 1，如图 2.3(b)所示，符号位是 1 表示的是负数，后 15 位是 0，而它正是 –32768 的补码形式，所以输出 b 的值为 –32 768。

(a) 32767 的存储形式

符号位

(b) –32768 的存储形式

图 2.3　数据的存储形式

同样，也要注意使用的数据超出最小允许值的情况。下例观察超出最小取值范围的情况。程序清单如下：

```
#include <iostream>
using namespace std;
void main()
{   short int a, b;
    a=-32768;                   //a 取最小值
    b=a-1;                      //b 的值超出最小值范围
    cout<<a<<", "<<b<<endl;
}
```

运行结果为

```
-32768, 32767
```

说明：数值型数据在内存中存放的是其值的补码。1 个正数的原码与其补码形式相同，如图 2.4(a)所示。负数的补码与原码不同(求 1 个负数的补码步骤是：该数的绝对值的二进制形式按位求反加 1)。例如，–10 在内存中的存储形式如图 2.4(b)所示。

(a) 10 的原码

(b) 各位取反

(c) 再加 1 得出 –10 的补码

图 2.4　10 在内存中的存放格式

2. 实型变量

实型变量分为单精度型(float 型)和双精度型(double 型)。与整型数据不同，实型数据是按指数的形式存储的。系统把一个实数分成小数部分和指数部分分开存放。单精度变量占用 4 个字节存储，保留 7 位有效位；双精度实数占用 8 个字节存储，保留 15～16 位有效位。输出实型数据时均默认输出 6 位小数。

【例 2.8】 观察输出十进制实型双精度数据近似计算情况。

程序清单如下：

```
#include <iostream>
using namespace std;
void main()
{
    double  x, y;
    x=1111111111111.111111111;
    y=2222222222222.222222222;
    cout<<x+y<<endl;
}
```

运行结果为

```
3.33333e012
```

C 语言系统对实型数据的运算是近似计算，因此上述例子的运行结果是按指数形式输出的。

3. 字符型变量

字符型变量在计算机内存储的是其字符对应的 ASCII 值，例如，

```
char c1='A';
```

字符变量 c1 的内存单元中存的是 A 的 ASCII 值，为 65。

```
char c2='a';
```

字符变量 c2 的内存单元中存的是 a 的 ASCII 值，为 97。

由于字符型变量的存储特点，英文字母的大小写之间的转换就变得简单了，对应的大小写字母间相差 32。

【例 2.9】 输入英文字母 A，转换成小写字母输出。

程序清单如下：

```
#include <iostream>
using namespace std;
void main()
{
    char c1, c2;
    c1=getchar( );
    putchar(c1);
    c2=c1+32;                        // ASCII 码相加
```

```
    putchar(c2);
    printf("\n%d, %d\n", c1, c2);                //输出 ASCII 码
}
```

程序运行时输入：

    A↙

运行结果为

    Aa

    65, 97

说明： 基本 ASCII 码共 128 个(0～127)，扩展 ASCII 码 128(128～255)个(见附录 A)。字符型的变量，可以当做整型(包括 int、short、long)变量使用，其值在 0～255 之间。

4. 常变量

在 C++ 中定义变量时，加上关键字 const，则变量称为常变量。常变量的值在程序运行期间不能改变，常变量的初值要通过初始化方式给出。例如，

    const int a=3;

说明： 常变量是有数据类型的，例如，上式 a 为 int。使用时如同符号常量，一经定义，在整个程序中常变量的值不变，所不同的是，符号常量是没有类型的，无需内存地址保存。

2.4 运算符及表达式

用来表示各种运算的符号称为运算符。例如，数值运算中经常用到的加、减、乘、除等符号。C 语言中的运算符分为 15 类(见附录 B)，直接采用键盘上的符号，如图 2.5 所示。

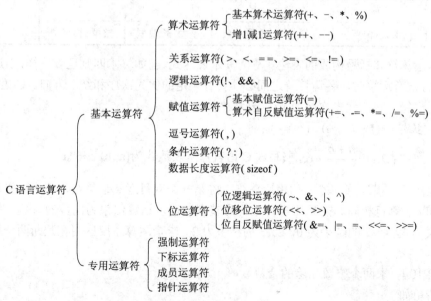

图 2.5 C 语言运算符分类

使用运算符运算必须有运算对象，运算对象可以为常量、变量、函数等。C/C++ 中的

运算符的运算对象如果是 1 个，称单目运算符(如自增、自减运算符)；运算对象是 2 个的，称双目运算符(如加、减运算符)；也有运算对象是 3 个的，称 3 目运算符(如条件运算符)。C/C++中对运算符级别进行了明确规定，称为运算符的优先级。同级运算符还规定了结合性。从左向右结合称为左结合，从右向左结合称为右结合，参考附录 B。

与数学中的运算一样，C/C++ 中的每个运算都有其特定的意义，都有自己特定的运算规则。参加运算的数据也要有数据类型限制，同时运算结果也有确定的数据类型。

用运算符连接起来的符合 C/C++ 规则的式子称为表达式，根据运算规则进行运算后得出来的结果称为表达式的值。

C 表达式的书写不论多么复杂，2 个操作对象间一定要有运算符号，不能出现像数学式子中省略乘号等形式。

2.4.1　算术运算符和算术表达式

算术运算包括加、减、乘、除和求余运算，分别使用 +、−、*、/、% 表示，如表 2.5 所示。

表 2.5　算术运算符

对象数	名　称	运算符	运算规则	运算对象	运算结果	结合性
单目	正	+	取原值			自右向左
	负	−	取负值			
双目	加	+	加法	整型或实型	整型或实型	自左向右
	减	−	减法			
	乘	*	乘法			
	除	/	除法			
	求余(模)	%	整数求余	整型/长整型	整型/长整型	

由算术运算符和括号构成的表达式称为算术表达式。正如算术四则运算一样,当进行+、−、*、/、% 混合运算时，各运算符之间必须要有一定的优先次序和结合方向。C 语言中，规定算术运算符之间的优先次序如下(→表示"优先于")：

$$−(负号)→(*　/　\%)→(+　−)$$

例如，数学表达式 $\dfrac{a+b}{c}+6a$ 书写成 C 语言算术表达式为(a+b)/c+6*a。

求余运算又称模运算，% 又称模运算符。% 是一个双目运算运算符，其优先级和结合方向同 * 和 / 运算符相同。% 要求操作数均为整型数据，运算结果为两数的余数。例如：7%3 的结果为 1，4%2 的结果为 0，2%3 的结果为 2。求余运算主要应用在判断两个整数是否整除。

【例 2.10】　求两个整数相除的余数。

程序清单如下：

```
#include <iostream>
using namespace std;
```

```
void main()
{
    cout<<7%3<<", "<< 7%(-3)<< ", "<<-7%3<<", " <<-7%(-3)<<endl;
}
```

运行结果为

1, 1, -1, -1

说明：模运算在判断一个整数能否被另一个整数整除时很方便，例如，判断 n 是否能被 2 整除，可使用(n%2==0)来判断。

2.4.2　关系运算符和关系表达式

关系运算是用来进行两个操作对象比较的运算，关系运算的运算结果是一个逻辑值，即"真"值或"假"值。如果结果为"真"值，用数字"1"来表示，如果结果为"假"值，则用数字"0"表示。

C 语言提供 6 种关系运算符：

< (小于)、<= (小于或等于)、> (大于)、>= (大于或等于)、== (等于)、!= (不等于)

关系运算的运算对象、运算规则、结合性和运算结果，如表 2.6 所示。

表 2.6　关系运算符

对象数	名称	运算符	运算规则	运算对象	运算结果	结合性
双目	小于	<	满足条件则为真，不满足条件为假	整型或实型或字符型	逻辑值（整型）	自左向右
	小于或等于	<=				
	大于	>				
	大于或等于	>=				
	等于	==				
	不等于	!=				

从附录 B 中可以看出，关系运算符的优先级低于算术运算符。前 4 种关系运算符(<、<=、>、>=)的优先级相同，后 2 种(==、!=)也相同，且前 4 种的优先级高于后 2 种。

使用关系运算符连接而构成的表达式称为关系表达式。下面是一些合法的关系表达式：

a+b>b+c　　　相当于　　　　　　(a+b)>(b+c)

a==b<c　　　相当于　　　　　　a==(b<c)

关系运算可以比较两个数值的大小，也可以比较两个字符的大小。字符间的比较实质是两个字符的 ASCII 在做比较。例如，'a'<'b' 是其 ASCII 97 与 98 在比较。因此，字符变量和字符常量也可以和数值一起运算，在 2.4.8 节中还会详细介绍。关系运算得出的逻辑值 0 或 1，也可以作为数值参加运算。

例如，求下列关系表达式的值：

(1)　5==3　　　　　　//关系表达式的值为"假"值，结果为 0

(2)　x>3　　　　　　//当 x>3 时，表达式的值为"真"值，结果为 1

(3)　3<5==6<8　　　关系表达式的值为 1。计算步骤是，先分别进行 3<5 和 6<8 关系运

算后，将 2 个逻辑值再做 "==" 比较运算。

2.4.3　逻辑运算符和逻辑表达式

逻辑运算符是对两个关系式的逻辑值进行运算的，运算结果仍是逻辑值。C 语言提供了三种逻辑运算符：!、&& 和 ||。

!　是逻辑非运算符，为单目运算。

&&　是逻辑与运算符，为双目运算。

||　是逻辑或运算符，为双目运算。

在三种逻辑运算符中，逻辑非!的优先级最高，逻辑与&&次之，逻辑或||最低。逻辑运算、算术运算和关系运算等运算级别见附录 B。

逻辑运算的对象、运算、结合性与运算结果，如表 2.7 所示。

表 2.7　逻辑运算符

对象数	名称	运算符	运算规则	运算对象	运算结果	结合性
单目	逻辑非	!	数值型或字符型	逻辑值（整型）	逻辑值（整型）	自右向左
双目	逻辑与	&&				自左向右
	逻辑或	||				

用逻辑运算符构成的表达式称为逻辑表达式。逻辑运算符连接的表达式可以为关系表达式，也可以是字符型数据和算术表达式、条件表达式、赋值表达式、逗号表达式等。逻辑运算的对象称为逻辑型量，其运算规则如表 2.8 所示(表中 a，b 分别代表操作量)。

表 2.8　逻辑运算符

(a) 逻辑非运算符

a	!a
0	1
非 0	0

(b) 逻辑与和逻辑或运算

a	b	a&&b	a||b
0	0	0	0
0	非 0	0	1
非 0	0	0	1
非 0	非 0	1	1

下面分别介绍三种逻辑运算。

1．逻辑非表达式

逻辑非表达式是用逻辑运算符!构成逻辑表达式，其一般形式为

!(表达式)

例如：

!a、!(x+y)都是合法的逻辑非表达式。

逻辑非运算是对原值是否是非 0 ($\neq 0$)的判断，运算结果是：若 a 为非 0 值，则 !a 的值为 0，若 a 为 0 值，则 !a 的值为 1。

2．逻辑与表达式

逻辑与表达式用逻辑与运算符 "&&" 构成逻辑与表达式，其一般形式为

(表达式 1)&&(表达式 2)

例如：a&&b、(x+y)&&(a*b/c)、'c'&&'d' 和 (a>b)&&(c<d)都是合法的逻辑与表达式。

逻辑与运算规则是：如果两个操作对象均为非 0，则表达式的结果为 1，否则表达式结果为 0。例如：'c'&&'d' 的逻辑值为 1，因为 'c' 和 'd' 的值均不为 0。

另有逻辑表达式(a>b)&&(c<d)，如果第 1 个操作对象 a>b 结果为 0，根据逻辑与的运算规则，可得出整个逻辑表达式结果为 0，第 2 操作对象无须运算下去。只有当 a>b 不为 0 时，才继续进行 c<d 的运算。例如，当 a=3, b=4, c=8, d=6 时，(a>b)&&(c<d)逻辑表达式的运算是首先进行(a>b)的比较，比较结果是逻辑值为 0，从而得知整个逻辑表达式的结果为 0。

这种情况下，在第 2 个操作对象中含有赋值语句时要注意。

例如，当 a=3, b=4, c=8, d=6 时，计算(a>b)&&(c=d%a)后，c 的值仍为 8。

3．逻辑或表达式

逻辑或表达式是用逻辑或运算符 || 构成逻辑或表达式，其一般形式为

　　(表达式 1)||(表达式 2)

例如：a||b、(x+y)||(a*b/c) 'c' || 'd' 和(a>b) || (c<d)都是合法的逻辑或表达式。

逻辑或运算规则是：两个操作对象中有一个为非 0 值，表达式结果就为 1；如果两个操作对象均为 0，表达式结果为 0。

同逻辑与运算一样，如果有(a>b)||(c<d)，其中 a>b 不为 0，就可得出逻辑表达式结果为 1，c<d 也就无须运算了。

例如，当 a=3, b=4, c=8, d=6 时，计算(a<b) || (c=d%a)后，c 的值不变，仍为 8。

在一个表达式中同时出现算术运算、关系运算和逻辑运算时，根据运算符的优先级，首先计算逻辑非运算，之后进行算术运算，然后再进行关系运算，最后进行逻辑与、或运算。

同时使用关系运算符和逻辑运算符能够描述一个复杂的条件。例如，判断一个年份 year 是否为闰年，可用以下逻辑表达式来进行判断：

　　(year%4==0&&year%100!=0) || year%400==0

非闰年的判断条件可表示为

　　!((year%4==0&&year%100!=0) || year%400==0)

或

　　(year%4!=0 || year%100==0)&&year%400!=0

书写表达式时，要遵守数学公式的含义与 C/C++ 运算符的运算规则。例如：将以下数学表达式用 C/C++ 表达式表示。

数学表达式：$-10 \leq a \leq 10$　　　对应的 C/C++ 表达式：a>=-10&&a<=10

数学表达式：$|a|>10$　　　对应的 C/C++ 表达式：a<-10||a>10

2.4.4　赋值运算符和赋值表达式

1．赋值运算符

赋值运算符分两类，其中，=为基本赋值运算符，还有自反赋值运算符(10 个)，它们是 +=、-=、*=、/=、%=、>>=、<<=、&=、∧=、|=(>>=、<<=、&=、∧=、|= 用于二进制运

算，本书不做讲解。

2．赋值表达式

赋值表达式是由赋值运算符或自反赋值运算符构成的表达式。

(1) 使用"="给变量赋值，使变量得到一个值，赋值表达式的格式为

　　　　<变量>=<表达式>

例如：a=1、b=5*PI 和 c='a'都是合法的表达式。而 a=1；为赋值语句。赋值表达式和赋值语句的区别是表达式右边是否有语句结束符号"；"。

赋值表达式的求值过程：先对赋值运算符"="右侧的"表达式"进行求值，然后将该值赋给"="左侧的变量。也就是说变量得到的值是赋值表达式的值。

例如，b=5*2+1，则 b 的值为 11，即赋值表达式的值是 11。

赋值表达式本身也有"值"，所以它也可以出现在其他表达式中。例如：

　　　　(a=1)+(b=3)*4-(c=5)

该表达式的值为 1+3*4-5=8，且对该表达式求值后变量 a、b、c 分别被重新赋值为 1、3 和 5。同时，赋值表达式右侧的"表达式"也可以是一个赋值表达式。例如：

　　　　a=(b=5)

赋值运算符"="的结合顺序是"自右向左"的，所以"a=(b=5)"和"a=b=5"等价。因此，如果赋值表达式"="右侧的表达式又是一个赋值表达式时，可以将圆括号省略。以此类推，可以有如下一些赋值表达式：

　　　　a=b=c=d=1　　　　　　　　(表达式的值为 1，a，b，c，d 的值均为 1)

　　　　a=5+(b=3)　　　　　　　　(表达式的值为 8，a 的值为 8，b 的值为 3)

　　　　a=(b=4)+(c=6)　　　　　　(表达式的值为 10，a 的值为 10，b 的值为 4，c 的值为 6)

从附录 B 中可以看出，所有的运算符(除逗号运算符外)的优先级均高于赋值运算符。

(2) 复合赋值运算符。常用的算术自反赋值运算符及功能和含义如表 2.9 所示。

表 2.9　算术自反赋值运算符

对象数	名　称	运算符	运　算　规　则	运算对象	运算结果	结合性
双　目	加赋值	+=	a+=b 相当 a=a+(b)	数值型	数值型	自右向左
	减赋值	-=	a-=b 相当 a=a-(b)			
	乘赋值	*=	a*=b 相当 a=a*(b)			
	除赋值	/=	a/=b 相当 a=a/(b)			
	模赋值	%=	a%=b 相当 a=a%(b)	整型	整型	

复合赋值运算表达式的格式：

　　　　<变量>< 运算符>=<表达式>

例如：a-=b-5 相当于表达式 a=a-(b-5)，a%=b+3 相当于表达式 a=a%(b+3)。

使用复合赋值运算符给变量赋值时应注意对表达式的理解。

2.4.5　逗号运算符和逗号表达式

"，"为逗号运算符，用"，"号连接起来的式子为逗号表达式。逗号表达式的格式为

　　　　表达式 1，表达式 2，…，表达式 n

逗号表达式计算顺序为分别求解每一个表达式，整个表达式的值是最右边表达式的值。"，"在整个表达式中起到了分隔作用。

例如：a=8+4, a/2 先计算 a=8+4 得 a=12，然后求解 a/2 得 6，所以整个逗号表达式的值是 6。

又如：x=(y=5, y*2)先计算逗号表达式的值，为 10，将 10 赋给 x。

逗号运算符的优先级最低，所以，带有逗号运算符的表达式在给变量赋值或再与别的操作对象组成新的表达式时，往往使用括号将表达式括起来。例如，表达式 x=(a=5, 6*8) 中 x 的值为 48，而表达式 x=a=5, 6*8 中 x 的值为 5。

2.4.6　变量的自增、自减运算符

C 语言提供两个变量自身运算符 ++ 和 --。++ 和 -- 称为变量的自增运算和自减运算。变量通过 ++ 和 -- 运算可以再次重新赋值，相当于将原值增 1 和减 1。自增和自减运算表达式格式如下：

变量++

++变量

变量--

--变量

说明：++ 和 -- 运算符位于变量的前或后，其运算规则是不同的。运算符号在变量前表示先进行自增或自减运算，后使用变量，运算符号在后表示先使用变量，后进行自增或自减运算。例如：

x=1;

y=++x;

则表示 x 经过自增运算后值是 2，y 通过 x 赋值也为 2。而

x=1;

y=x++;

则表示 x 的值 1 赋给 y 之后自增 1，最后 x 的值是 2。

使用 "++" 和 "--" 运算时需要注意以下问题：

(1) ++ 和 -- 运算只能用于变量，而不能用于常量和表达式。

(2) ++ 和 -- 运算是单目运算符，使用时考虑前缀或后缀运算。

【例 2.11】　变量的自增和自减运算举例。

程序清单如下：

```cpp
#include <iostream>
using namespace std;
void main()
{
    int x=10;
    cout<<x++<<endl;                // x 内存单元存放的是 10，输出 x 值后自增 1
    cout<<x<<endl;                  // x 使用过后在 10 的基础上自增 1
}
```

运行结果为

    10

    11

(3) 表达式中包含多种算术等运算时，很容易出错，将 ++/-- 运算使用括号括起来。例如：

    i+++j　应写成：(i++)+j

(4) C/C++中规定函数的实参求值顺序是自右向左。例如，i 的值为 3，则执行：

    cout<<i<<", "<<i++;

输出的结果是 4，3。

因为先从右边参数 i++ 开始运算，输出参数的值是 3，然后 i 的值自增 1，再输出左边的值为 4。为了更清楚地了解变量的变化情况，建议使用一个中间变量，以免程序出现混乱。

【例 2.12】 观察中间变量 j 的值。

程序清单如下：

```
#include <iostream>
using namespace std;
void main()
{    int i, j;
     i=3;
     j=i++;
     cout<<"i="<<i<<", "<<"j="<<j<<endl;
}
```

运行结果为

    i=4, j=3

变量的 ++、-- 运算主要用在循环控制、数组下标的改变和指针的移动等，在以后学习过程中会逐渐理解。

2.4.7　长度运算符

长度运算符 sizeof 是单目运算符。其运算的对象可以是数据类型符或变量。注意，运算对象要用圆括号括起来。长度运算符的对象、运算规则、结合性如表 2.10 所示。

表 2.10　长 度 运 算 符

对象数	名称	运算符	运算规则	运算对象	运算结果	结合性
单目	长度	sizeof	测试数据类型所占用的字节数	类型说明符或变量	整型	无

sizeof 运算符的格式为

    sizeof(类型说明符)

或　　　sizeof (表达式)

例如：sizeof(double)结果为 8，sizeof(int)在 C++ 中为 4，sizeof(float)结果为 4，sizeof(char)结果为 1。

长度运算符的优先级和单目算术运算符、单目逻辑运算符同优先级。

【例 2.13】 长度运算符的使用。

程序清单如下：

```
#include <iostream>
using namespace std;
void main()
{ int   i;
    short   s;
    unsigned   u;
    long   int l;
    float   f;
    char   ch;
    double   d;
    cout<<sizeof(i)<< ", "<<sizeof(s) <<", "<<sizeof(u) <<", "<<sizeof(l)<<", "
        <<sizeof(f) <<", "<<sizeof(ch) <<", "<<sizeof(d)<<endl;
}
```

运行结果为

    4, 2, 4, 4, 4, 1, 8

说明：在程序中只定义了变量类型并没有给各变量赋值，变量定义后，系统就按其定义类型分配内存单元，而 sizeof(i)测试的是变量 i 在内存中分配到的存储单元的字节数。

2.4.8 混合运算和类型转换

C/C++ 语言数据类型很复杂，不同类型的数据可混合运算，在运算时，不同类型的数据首先要转换成同类型，且转换成最长的数据类型，然后再进行运算。转换的规则如图 2.6 所示。

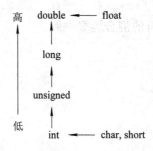

图 2.6 不同类型数据的转换

数据类型转换有两种方式，即自动类型转换和强制类型转换。

1. 自动类型转换

自动类型转换由系统自动由精度低的类型转换成精度高的类型。例如表达式：
10+'a'+1.5-5678.444*'b'的运算结果为 double 型。

2. 强制类型转换

强制类型转换是将表达式的值强制转换为另一种特定类型。强制类型转换格式为：

　　(类型)表达式

其中，括号内的类型是希望转换后的类型，表达式是要转换的对象。例如：

　　x=3.6; y=(int)x ;

则 y 的值为 3，其意义是强制将 x 转换成整数后赋给变量 y。变量 x 的值还是 3.6，而变量 y 取 x 的整数部分，(int)x 是整数表达式。

【例 2.14】　观察各个变量的值。

程序清单如下：

```cpp
#include <iostream>
using namespace std;
void main()
{    int a, b, c, d;
    float    x=12.8, y=2.5;
    a=x/y;                          // a 只能接收整数值
    b=(int)x/y;                     // b 只能接收整数值
    c=(int)(x/y);
    d=(int)(x)/(int)(y);
    printf("x=%f   y=%f\na=%d   b=%d   c=%d d=%d", x, y, a, b, c, d); //调用 C 语言中 printf()函数
}
```

运行结果为

　　x=12.800000　　y=2.500000

　　a=5　　b=4　　c=5　　d=6

2.5　综合运算举例

【例 2.15】　出现多种运算符的混合运算举例。

程序清单如下：

```cpp
#include <iostream>
using namespace std;
void main()
{   int i=16, j, x=6, y, z;
    j=i+++1;
    cout<<"1:    "<<j<<endl;
    x*=i;
    cout<<"2:    "<<x<<endl;
     y=2;
     z=3;
```

```
        x+=y+=z;
        cout<<"3:    "<<z/x<<endl;
        x=027;                                    //八进制数
        y=0xff00;                                 //十六进制数
        cout<<"4:    "<<x+y<<endl;
        x=y=z=-1;
        y&&++z;
        cout<<"5:    "<<   x<<", "<<y<<", "<<z<<endl;
    }
```

运行结果为

```
    1:  17
    2:  102
    3:  0
    4:  65303
    5:  -1，-1，0
```

【例 2.16】 输出各种类型数据举例。

程序清单如下：

```
    #include <iostream>
    using namespace std;
    void main()
    {    int a=5, b=7;
        float x=67.8564, y=-789.124;
        char c='A';
        long n=1234567;
        unsigned u=65535;
        printf("%d \n", a/b);                    //输出两个整数相除的商
        printf("%5.2f\n", x/a);                  //按单精度浮点实数型输出两数的商
        printf("%f \n", x/y);
        printf("%d\n", a%b);                     //两个整数进行模运算
        printf("%d\n", (int)x%b);
        printf("%c, %d \n", c+a, c+a);
        printf("%ld, %x\n", n, n);               //分别用长整型和十六进制数格式输出
        printf("%u, %o, %x, %d\n", u, u, u, u);
        //分别用无符号、八进制、十六进制和基本整型格式输出
        printf("%s, %5.3s\n", "COMPUTER", "COMPUTER");
                //输出整个字符串、占 5 个字符位输出 3 个字符
    }
```

运行结果为

```
    0
```

13.57

-0.085990

5

4

F, 70

1234567, 12d687

65535, 177777, ffff, 65535

COMPUTER, ▪▪COM

习 题 2

一、单项选择题

1. 设 x、y 均为 int 型变量，且 x=1，y=2，则表达式 1.0+x/y 的值为(　　)。

　　A. 0　　　　　　　B. 1.0　　　　　　C. 1　　　　　　D. 0.5

2. 字符串 "ABC" 在内存中占用的字节数为(　　)。

　　A. 3　　　　　　　B. 4　　　　　　　C. 5　　　　　　D. 8

3. char 型常量在内存中存放的是其对应的(　　)。

　　A. ASCII 值　　　B. BCD 代码值　　C. 内码值　　　　D. 十进制代码值

4. 当 c 的值为 0 时，在下列选项中能正确将 c 的值赋给变量 a 和 b 的是(　　)。

　　A. c=b=a　　　　B. (a=c)||(b=c)　C. (a=c)&&(b=c)　D. a=c=b

5. 能表示 C 中实型常量的是(　　)。

　　A. 0x35　　　　　B. e0.5　　　　　C. -4.567e-2　　D. e-6

6. 若有以下程序段(n 的值是八进制数据)：

　　int m=32767, n=032767;

　　printf("%d, %o\n", m, n);

执行后输出结果是(　　)。

　　A. 32767，32767　B. 32767, 032767　C. 32767, 77777　D. 32767, 077777

7. 有以下定义：short int n= -32768;　　n--;，执行 printf("n=%d\n", n); 语句后，显示的是(　　)。

　　A. n=-32769　　　B. n=32767　　　C. n=32768　　　D. n=255

8. 设 a, b, c, d 均为 0，执行(m=a==b)&&(n=c!=d)后，m, n 的值是(　　)。

　　A. 0, 0　　　　　B. 0, 1　　　　　C. 1, 0　　　　　D. 1, 1

9. 若有以下定义：

　　char a;int b;

　　float c;double d;

则表达式 a*b+d-c 值的类型是(　　)。

　　A. float　　　　　B. int　　　　　　C. char　　　　　D. double

10. 设 a, b, c 都是整型变量，且 a=3, b=4, c=5，则下面的表达式中值为 0 的是(　　)。

A. 'a'&&'b'　　　　B. a<=b　　　　　C. a||b+c&&b-c　　D. !((a<b)&&!c||1)

二、填空题

1. 能表述 "20<X<30 或 X<-100" 的 C 语言表达式是_____。

2. 表达式(x>y)||(a>b)的逻辑值为真时，变量 x、y、a、b 应该至少满足的条件是_____。

3. 若已知 a=10，b=20，则表达式 !a<b 的值是 _____。

4. C/C++ 中的存储类别包括_____、_____、_____和_____。

5. 在_____定义的变量的作用域局限于该函数。

6. 在 C 语言程序中，用关键字_____定义基本整型变量，用关键字_____定义单精度实型变量，用关键字_____定义双精度实型变量。

7. 在内存中存储"A"要占用_____个字节，存储'A'要占用_____个字节。

8. 逗号运算符的值是_____。

9. 字符串 "ab\072cdef" 的长度是_____。

10. 变量的自增和自减运算有前缀和后缀，它们的运算法则是_____。

11. 变量赋值运算的结合性是_____。

12. 定义变量，是通知编译系统几个数据信息，分别是_____。

13. % 运算符是两个整数求余，通常使用 % 判断两个整数_____ 。

14. 静态存储区存储_____和_____，系统给赋默认值。

15. C++ 中定义常变量使用_____关键字，常变量定义时需要指出数据的_____。

三、阅读程序，分析各语句功能，写出程序运行结果

1.
```cpp
#include <iostream>
using namespace std;
include<stdio.h>
void main()
{
    int a, b, d=241;
    a=d/100%9;
    b=(-1)&&(-1);
    printf("%d, %d\n", a, b);
}
```
程序执行后输出结果是_____。

2.
```cpp
#include <iostream>
using namespace std;
include<stdio.h>
void main()
{
    int i, j, x, y;
    i=5;
```

```
        j=7;
        x=++i;
        y=j++;
        printf("%d, %d, %d, %d\n", i, j, x, y);
    }
```

程序执行后输出结果是_____。

3.
```
    #include <iostream>
    using namespace std;
    include<stdio.h>
    void main()
    {
        float f=13.8;
        int n;
        n=(int)f%3;
        printf("n=%d\n", n);
    }
```

程序执行后输出结果是_____。

4.
```
    #include <iostream>
    using namespace std;
    include<stdio.h>
    void main()
    {
        int a, b, x;
        x=(a=3, b=7);
        printf("x=%d, a=%d, b=%d\n", x, a, b);
    }
```

程序执行后输出结果是_____。

5.
```
    #include <iostream>
    using namespace std;
    void main()
    {
        int n=2;
        n+=n-=n*n;
        cout<<"n="<<n<<end;;
    }
```

程序执行后输出结果是_____。

6.
```
    #include <iostream>
    using namespace std;
    include<stdio.h>
```

```
    void main()
    {
        float f1, f2, f3, f4;
        int m1, m2;
        f1=f2=f3=f4=2;
        m1=m2=1;
        printf("%d\n", (m1=f1>=f2)&&(m2=f3<f4));
    }
```

程序执行后输出结果是＿＿＿＿＿＿＿＿＿＿＿＿＿。

7.　
```
#include<iostream>
    using namespace std;
    include<stdio.h>
    void main()
    {   int a, b;
        a=2147483647;           // C++ 环境 –2147483648～2147483647
        b=a+1;
        printf("%d, %d", a, b);
    }
```

程序执行后输出结果是＿＿＿＿＿＿＿＿＿＿＿＿＿。

8.　
```
#include <iostream>
    using namespace std;
    #include <iomanip>
    void main( )
    {   int a, b, x, y;
        a=3;
        b=a--;
        y=8%b;
        x=a&&b;
        cout<<setw(8)<<a<<setw(8)<<b;       //定义以 8 个符宽度输出数据
        cout<<setw(8)<<x<<setw(8)<<y<<endl;
    }
```

程序执行后输出结果是＿＿＿＿＿＿＿＿＿＿＿＿＿。

四、编写程序

1. 请编一程序，将"China"译成密码，密码规律是：将原字母用后面第 5 个字母代替(ASCII + 5)。例如，字母 A 后面第 5 个是 F，用 F 代替 A。因此，"China"应译为"Hmnsf"。

2. 输入一个华氏温度，要求输出摄氏温度。转换公式为

$$C = \frac{5}{9}(F-32)$$

要求：设 F = 65.3，输出结果要有文字说明，并取 2 位小数。

第 3 章　程序控制结构

　　本章主要介绍实现结构化程序设计的三种基本结构，即顺序结构、选择结构和循环结构，以及实现这三种结构的相关语句、三种结构程序的设计方法及条件运算符的应用。

　　程序中语句的执行顺序称为程序结构。计算机程序是由若干条语句组成的语句序列。如果程序中的语句是按照书写顺序执行的，称为顺序结构；如果某些语句是按照当时的某个条件来决定是否执行，称为选择结构；如果某些语句要反复执行多次，称为循环结构。

3.1　顺序结构程序设计

　　顺序结构的程序是自上而下顺序执行的各条语句。顺序结构的程序流程图如图 3.1 所示。

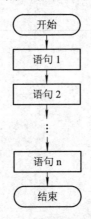

图 3.1　顺序结构流程图

　　下面通过简单的顺序结构程序实例介绍顺序结构设计的方法。

　　【例 3.1】　输入三角形的三条边长，求三角形面积。

　　假设输入的三条边 a、b、c 能构成三角形，求三角形面积公式如下：

$$area = \sqrt{s(s-a)(s-b)(s-c)}$$

其中，$s = (a + b + c)/2$。

　　分析：在计算三角形公式中出现了平方根函数，在 C 语言中，使用一些常用数学函数可以直接调用系统库文件 math.h(C++ 为 cmath)。常用的几个函数有 fabs( )(实数绝对值函数)、sqrt( )(平方根函数)、sin( )(正弦函数)、log10( )(以 10 为底的对数函数)、rand( )(随机函数)等。请参考附录 C。本例的程序流程图如图 3.2 所示。

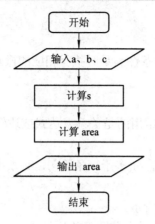

图 3.2 例 3.1 程序流程图

程序清单如下：

```cpp
#include <iostream>
using namespace std;
 #include <cmath>                         //包含数学函数 sqrt( )所在的库文件，也称头文件
void main()
{
   float   s, a, b, c, area;
   cin>>a>>b>>c;                          //给 a、b、c 赋初值
   s=1.0/2*(a+b+c);
   area=sqrt(s*(s-a)*(s-b)*(s-c));        //计算面积
   cout<<"area="<<area<<endl;             //输出结果
}
```

程序运行时输入：

3.5   4.6   5.1↙

运行结果为

area=7.834539

3.2   选择结构程序设计

选择结构体现了程序的判断能力。在程序执行过程中能根据判断条件确定执行某个操作，这种程序结构称为选择结构，又称为分支结构。选择结构有三种形式，即单分支结构、双分支结构和多分支结构。C 语言提供了相应的语句，即 if-else 语句和 switch 语句，下面介绍三种选择结构的实现方法。

3.2.1   三种 if 语句

1. 简单的单分支 if 语句

简单的单分支 if 语句的一般格式如下：

```
if(表达式)
    语句
```

单分支选择结构只考虑某个条件满足时执行相应的操作，否则顺序执行选择语句后的语句。

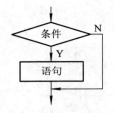

说明：

(1) 表达式可为任何类型，常用的是关系表达式或逻辑表达式。

(2) 语句可以是任何可执行语句(多于一条语句，必须用一对 {} 括起来，形成复合语句)。

图 3.3　单分支结构流程图

简单的单分支结构如图 3.3 所示。

【例 3.2】 输入一个学生成绩，如果及格则输出"good!"，否则什么也不做。流程图如图 3.4 所示。

程序清单如下：

```cpp
#include <iostream>
using namespace std;
void main()
{
    float g;
    cin>>g;                    //输入成绩
    if(g>=60)                  //判断是否及格
    cout<<"good! " <<endl;     //输出结果
}
```

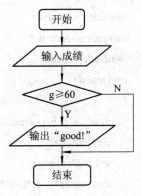

图 3.4　例 3.2 程序流程图

运行程序时输入：

67↙

输出结果为

good!

再次运行程序时输入：

50↙

输出结果为空。

【例 3.3】 将两个整数 a 和 b 中的大数存入 a 中，小数存入 b 中。

分析： 首先将 a、b 进行比较，如果 a 已经为大数，则无需变动；否则将两数对调，即将 a 存入 b 中，将 b 存入 a 中。对调时先设一个中间变量 temp 暂存数据，然后执行以下操作步骤：

(1) 将 a 赋给 temp，语句为 temp=a;。

(2) 将 b 赋给 a，语句为 a=b;。

(3) 将 temp 赋给 b(原来 a 的值)，语句为 b=temp;。

程序清单如下：

```cpp
#include <iostream>
using namespace std;
```

```
void main()
{
    int a, b, temp;
    cin>>a>>b;
    if(a<b)
    {
        temp=a;              //通过变量 temp 完成两个数对调
        a=b;
        b=temp;
    }
    cout<<"a="<<a<<", "<<"b="<<b<<endl;
}
```

运行程序输入：

5↙9↙

运行结果为

a=9, b=5

说明：实现两数对调时三条语句都要执行，因此，temp=a; a=b; b=temp; 构成复合语句，要用 { } 括起来。

2. 简单的双分支 if-else 语句

简单的双分支 if-else 语句的一般格式如下：

if(表达式)

　语句 1

　else

　语句 2

双分支结构是按照条件判断出执行两个流程中的哪个流程的语句，如图 3.5 所示。

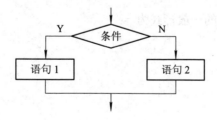

图 3.5　双分支结构流程图

说明：

(1) 计算表达式的值，如果为真(非 0)，则执行语句 1，否则执行语句 2。

(2) 语句 1 和语句 2 可以是任何语句，如果语句多于一条，必须用一对 { } 括起来，形成复合语句，也可以是空语句。

(3) 表达式可以是任何类型，常用的是关系表达式或逻辑表达式。

(4) else 后面是 if 的子句，与 if 配对，不能单独出现。

可以使用 if-else 建立简单双分支结构，简单的 if-else 语句是指在 if 分支的语句体内不含有 if 语句。

【例 3.4】 输入一个字符，若是英文字母则输出"YES!"，否则输出"NO!"。程序流程图如图 3.6 所示。

程序清单如下：

```cpp
#include <iostream>
using namespace std;
void main()
{
    char c;
    cin>>c;
    if(c>='a'&&c<='z'||c>='A'&&c<='Z')
        cout<<"YES!"<<endl;
    else
        cout<<"NO!"endl;
}
```

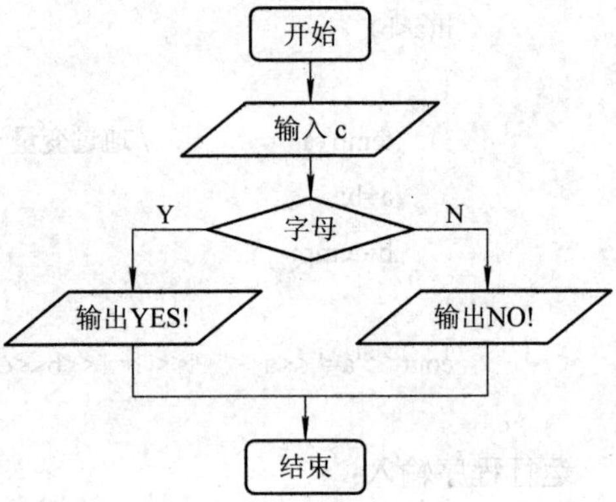

图 3.6　例 3.4 程序流程图

运行程序时输入：

S✓

输出结果为

YES!

再运行一次，输入：

8✓

输出结果为

NO!

说明：书写 if-else 语句时，if 和 else 换行并对齐。

3. 嵌套 if-else 语句

if-else 均内嵌分支结构的一般形式为

```cpp
if(表达式)
{
    …
    if(表达式)
        语句 1
    else
        语句 2
    …
}
else
{
```

```
    …
    if(表达式)
        语句 3
    else
        语句 4
    …
    }
```

说明：

(1) 如果只有一条语句，可省略{}。例如，内嵌"if(表达式) 语句 1 else 语句 2"整体可看做一条复合 if 语句，上面的整个嵌套结构也可以看做一条复合语句。

(2) 当没有使用 { } 显式说明嵌套时，if-else 的配对原则是：else 总是与同一层最近的尚未配对的 if 语句配对。

【例 3.5】 求如下所示分段函数 y 的值。

$$y = \begin{cases} -1, & x < 0 \\ 0, & x = 0 \\ 1, & x > 0 \end{cases}$$

分析：这是一个判断变量符号问题，结果有三种可能，若 $x < 0$，则 $y = -1$；否则，若 $x = 0$，则 $y = 0$；若 $x > 0$，则 $y = 1$。在程序中内嵌一个双分支结构。其流程图如图 3.7 所示。

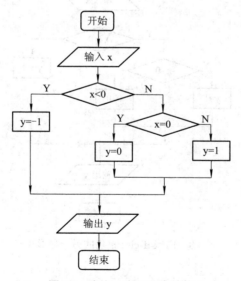

图 3.7 内嵌一个双分支结构

程序清单如下：

```cpp
#include <iostream>
using namespace std;
void main()
{
```

```
        int x, y;
        cin>>x;
        if(x<0)
            y=-1;
        else                    //这里的 else 子句与上面的 if(x<0)配对
            if(x==0)
                y=0;
            else
                y=1;            //这里的 else 子句与最近的 if(x==0)配对
        cout<<"x="<<x<<", "<<"y="<<y<<endl;
    }
```

运行程序时输入：

　　-5↙

输出结果为：

　　x=-5, y=-1

此程序是在 else 分支中内嵌 if-else 语句的，这是较为常用的设计方法，也可以在另一分支嵌套。它的表现形式如图 3.8 所示。

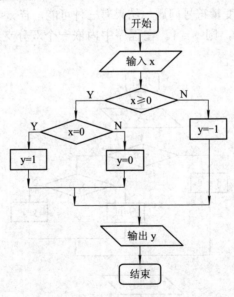

图 3.8　内嵌 if-else 语句的另一种形式

程序清单如下：

```
    #include <iostream>
    using namespace std;
    void main()
    {
        int x, y;
        cin>>x;
```

```
        if(x>=0)
        if(x>0)
            y=1;
        else                              //else 与 if(x>0)配对
         y=0;
    else                                  //else 与 if(x>=0)配对
    y=-1;
    cout<<"x="<<x<<", "<<"y="<<y<<endl;
}
```

　　C 中不限制内嵌层数，程序流程如果多于两个分支称为多分支，多分支选择结构可以提出 n 个条件控制程序，最多有 n+1 个执行语句(复合语句)。根据条件选择执行哪个语句。如果所有条件都不满足，则执行第 n+1 个语句。多分支程序结构使用嵌套的 if-else 语句实现。多分支结构一般格式如下：

```
    if(表达式 1)语句 1
        else if(表达式 2)语句 2
            else if(表达式 3)语句 3
                … …
                    else  语句 n+1
```

　　说明：多分支结构实际上是只在 else 分支上嵌套，且省略 { } 的变体形式。

　　例如：将百分制成绩 s1 换为 5 分制成绩 s2，可以用如 if-else-if 语句来完成，如图 3.9 所示。

```
    if(s1<60) s2='E';
        else if(s1<70) s2='D';
            else if(s1<80) s2='C';
                else if(s1<90) s2='B';
                    else s2='A';
```

　　注意：if-else 结构尽量缩格对齐。

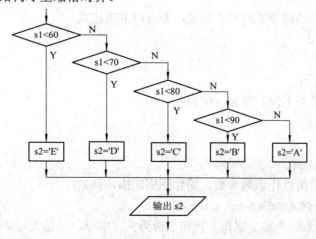

图 3.9　多分支嵌套结构流程图

说明：

(1) 习惯在 else 分支上嵌套，以上程序段中应注意的一点是 if 和 else 的配对关系。例如：

```
if(a>b)
    if(b<c)
            c=a;
    else
            c=b;
```

(2) 如果使程序逻辑清晰，将 if 和 else 的子句设计成复合语句(即使用 { } 括起来)，这可保证与 if 与 else 正确配对，例如：

```
if(a>b)
{
    if(b<c)
        c=a;
}
else
    c=b;
```

3.2.2　条件运算符 ?:

条件运算符 " ?: " 是一种三目运算符。它的特点是有三个操作数。实际上，条件运算符实现了简单的 if-else 的语句功能。表达式形式如下：

　　　　(表达式 1) ? (表达式 2) : (表达式 3)

其功能是先计算表达式 1，如果表达式 1 的值是非 0(真)，则其结果取表达式 2 的值，否则，取表达式 3 的值。

使用条件表达式选择合适的数据给变量赋值非常方便，例如：当 a=3, b=4 时：

　　　　max=(a>b)?a:b;

变量 max 取变量 b 的值，为 4。

说明：

(1) 条件运算符的结合方向自右向左，若有以下表达式：

　　　　a>b?a:c>d?c:d

则相当于

　　　　a>b?a:(c>d?c:d)

(2) 三个表达式类型没有限制。例如：

　　　　x? 'a': 'b'

　　　　x>y?1:1.5

都是合法的条件表达式。

(3) 条件表达式可以作函数参数，简化程序结构。例如：

　　　　printf("max of %d, %d is %d\n", a, b, (a>b)?a:b);

【例 3.6】 输入一个英文字母，判断是否为大写字母，若是大写字母直接输出，否则转换成大写字母输出。

程序清单如下：

```
#include <iostream>
using namespace std;
void main()
{    char ch;
     cin>>ch;
     ch=(ch>='A'&& ch<='Z') ? ch:(ch-32);
     cout<<ch<<endl;
}
```

程序运行时输入：

d✓

输出运行结果：

D

3.2.3　switch 语句实现多分支选择结构

在选择结构中，条件表达式的值若等于多个常量之一，可用 switch 多分支语句实现，增加程序的可读性。

switch 语句的一般格式如下。

```
switch(表达式)
{
  case  常量表达式 1：语句组 1; break;
  case  常量表达式 2：语句组 2; break;
  case  常量表达式 3：语句组 3; break;
      ⋮
  case  常量表达式 n：语句组 n; break;
  [default :语句组 n+1;]
}
```

其功能是以关键字 switch 后面表达式为判断条件，在多分支中选择一个分支操作。switch 语句的执行过程如图 3.10 所示。

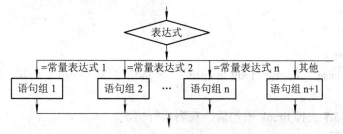

图 3.10　switch 语句的执行过程

说明：

(1) ANSI 标准允许 switch 后的表达式的值可以为整型、字符型和枚举型。当表达式的值等于其中一个 case 后面的常量表达式的值时，就执行此 case 后面的语句。若所有的 case 中的常量表达式的值都没有相匹配的，就执行 default 后面的语句。

(2) switch 语句中的每一个 case 相当于一个语句标号，具体哪个 case 后面的语句能够执行，是根据 switch 后的表达式的值决定的。case 后的整型常量表达式可以是整型、字符型和枚举型的常量。注意，各 case 后的整型常量表达式之值必须互不相同。

(3) "语句组" 可以是一条或多条合法的 C 语句。

(4) break 是 C 语言的一种语句，其功能是中断正在执行的语句。在 switch 语句中的作用是执行完某个语句组后，将退出该 switch 语句。如果省略了 break 语句，则执行完某个语句组后，将继续执行其后边的语句组。

【例 3.7】 输入 i，根据 i 的值输出信息。

程序清单如下：

```
#include <iostream>
using namespace std;
void main()
{
    int i;
    cin>>i;                              //输入控制变量 i
    switch(i)                            //i 的值作为条件
    {
        case 1:    cout<<"I am in case 1."<<endl;    //若 i 为常量 1，则执行此输出语句
                   break;                            //执行输出语句后跳出 switch 语句
        case 2:    cout<<"I am in case 2."<<endl;    //若 i 为常量 2，则执行此输出语句
                   break;
        case 3:    cout<<"I am in case 3."<<endl;    //若 i 为常量 3，则执行此输出语句
                   break;
        default:   cout<<"I am in default."<<endl;   //常量 i 非 1、2、3，则执行此输出语句
    }
}
```

运行程序输入：

　　2✓

输出结果为

　　I am in case 2.

注意：如果 case 2: cout<<"I am in case 2."<<endl; 后缺少 break 语句，将会连续执行后面的 case 语句。

例如，将例 3.7 去掉 break 语句后，观察执行情况。

程序清单如下：

```
#include <iostream>
using namespace std;
void main()
```

```
    {   int i=2;
        switch(i)
        {
          case   1:   cout<<"I am in case 1."<<endl;
          case   2:   cout<<"I am in case 2."<<endl;
          case   3:   cout<<"I am in case 3."<<endl;
          default:   cout<<"I am in default."<<endl;
        }
    }
```

运行结果为

```
    I am in case 2.
    I am in case 3.
    I am in default.
```

通过这个例子我们可以看出，由于 i 的值是 2，所以从 case 2 开始依次执行。这一点和用 if-else-if 构成的多路分支不一样。switch 语句之所以这样设计主要是为了简化编译程序的工作。如果我们想要实现真正的多路分支操作，不要丢掉 break 语句。

(5) 每个 case 后的常数可以是任意的，并不一定要从 1 开始从小到大排列。

【例 3.8】 case 子句的入口中表达式是字符常量的程序举例。

程序清单如下：

```
    #include <iostream>
    using namespace std;
      void main()
      {
        char c='x';
        switch(c)
        {
          case   'a':   cout<<"I am in case \'a\'."<<endl;
                        break;
          case   'x':  cout<<"I am in case \'x\'."<<endl;
                        break;
          case   'z':  cout<<"I am in case \'z\'."<<endl;
                        break;
          default: cout<<"I am in default."<<endl;
        }
      }
```

运行结果为

```
    I am in case 'x'.
```

switch 语句中的 default 部分也可以省略。如果省略了 default 且一个 case 也没有匹配上，则什么也不做。此时相当于是一条空语句。

(6) 允许将相同操作的 case 及对应的常量表达式连续排列，对应操作的语句组及 break 只在最后一个 case 处出现。

【例 3.9】 将百分制成绩分段。

程序清单如下：

```cpp
#include <iostream>
using namespace std;
void main()
{   int s;
    cin>>s;
    switch(s/10)
    {
        case 0:
        case 1:
        case 2:
        case 3:
        case 4:
        case 5: cout<<"E."<<endl;
                break;                      // 5 个分支同一操作
        case 6: cout<<"D."<<endl;
                break;
        case 7:cout<<"C."<<endl;
                break;
        case 8: cout<<"B."<<endl;
                break;
        case 9:
        default:cout<<"A."<<endl;           // 2 个分支同一操作
    }
}
```

通过上面一些例子可以看出，switch 语句的功能比用 if-else 嵌套构成的多分支要强，且用法也灵活得多。建议所有的 case 对齐书写，语句组及 break 缩格并对齐，以便阅读。

3.3　循环结构程序设计

循环结构是由某个条件(称循环控制条件)来控制某个语句(称循环体，可以是复合语句)是否反复执行，这种结构有当循环结构、直到型循环结构和次数循环结构三种形式。

3.3.1　当循环程序结构

当循环结构的执行特点是：先判断控制条件，如果条件满足则执行循环体，当条件不

再满足时立即结束循环；如果条件开始就不满足，则
执行循环后面的语句，如图 3.11 所示。

C 语言用 while 语句实现当循环结构。while 语句
的一般格式如下：

　　　　while(表达式)
　　　　　　语句;

其功能是计算表达式的值，其值若为真(非 0)则反
复执行语句，直到表达式的值为假时为止。

说明：

(1) 表达式是用来描述循环条件的，可以是任何
类型，常用的是关系型或逻辑型表达式。

图 3.11　当循环结构流程图

(2) 重复执行的操作称为"循环体"，在格式中表示为语句，它可以是任何一条简单语
句或复合语句，通常循环体存有一条(或多条)循环出口语句。

(3) 在循环体中还可以包含"循环语句"，这种程序结构称为循环嵌套，也称为多重循环。

(4) while 循环的执行原则是"先判断，后执行"。即当表达式条件满足时执行循环体，
条件不满足时结束循环，转去执行循环语句后的下一条语句。

【例 3.10】 设有变量 i = 0、1、2、3、4，要求输出 i 的 5 个值，每个数字间隔 3 个字
符位，下一行输出"We are out of the loop."。程序流程图如图 3.12 所示。

程序清单如下：

```
#include <iostream>
using namespace std;
 void main()
  {
    int i=0;                    //循环控制变量要先赋值
    while(i<5)                  //循环控制条件是 i<5
      {
        cout<<i<<"■■■";
         i++;        //循环控制变量变化，逐渐靠近终值
      }
    cout<<endl;
    cout<<"We are out of the loop."<<endl;
  }
```

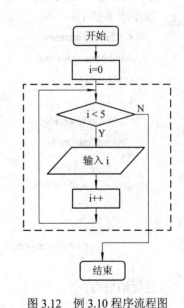

图 3.12　例 3.10 程序流程图

运行结果为

　　0■■■1■■■2■■■3■■■4■■■

　　We are out of the loop.

说明：

(1) 程序中定义变量 i 为循环控制变量，i = 0 称为循环变量初值，判断表达式 i < 5，说
明 5 是 i 的终值，在循环语句被执行时，i 的自增使得循环执行 5 次结束。

(2) 当控制变量的值达到 5 时，循环结束。如果在例 3.10 最后加一条语句：

```
            cout<<i;
```
则输出的是 5。

(3) 循环控制变量如果不发生变化，循环不会结束，这种循环称为"死循环"或"永真循环"。例如，以下循环语句的判断表达式是 1，这个循环就是永真循环。

```
    while(1)
    {
        ⋮
    }
```

说明：永真循环要想停下来，该循环一定要在循环体内含 if() 语句，通过条件的判断，使用 break 语句结束循环。

【例 3.11】　求 $sum = \sum_{i=1}^{100} i$ 即 $sum = 1 + 2 + 3 + \cdots + 100$。

分析：设变量 i 为加数，i 在有规律地变化，即自增 1，变化的 i 累加到 sum 中(称累加器，不断累加加数)。这是一个重复运算问题，在程序设计语言中构成了循环结构。其算法如下：

(1) 用 while 语句设计循环结构，用加数 i 作为循环控制变量，i 的初值为 1，终值为 100，变化规律(步长值)为 i=i+1(或 i++)。变量 i 满足了三个基本条件，即有一个明确的初值、明确的终值和明确的步长值。

(2) 累加器 sum 的初值为 0，sum 随加数 i 而变化，sum=sum+i 操作和 i=i+1 构成了循环体。
程序清单如下：

```
    #include <iostream>
    using namespace std;
    void main()
    {
        int i=1, sum=0;                   //累加器的初值为 0
        while(i<=100)                     // i 为循环控制变量，初值为 1，终值为 100
        {
            sum=sum+i;
            i++;                          // i 步长值为 1
        }
        cout<<sum<<endl;
    }
```
运行结果为

```
    5050
```
说明：循环体中如果包含一条以上语句，则构成复合语句，应当用括号括起来。

本例中的循环控制变量 i 只起到了循环次数的控制作用，如将本例改成求 10 个任意整数的代数和，则可以将循环体改为

```
    i=0;
    while(i<10)
```

```
    {
        cin>>x;           //每执行 1 次循环操作，便输入 1 个 x 的值
        sum=sum+x;        //循环控制变量 i 没有参与运算，只起到控制循环作用
        i++;
    }
```

3.3.2　直到型循环程序结构

直到型循环语句的执行特点：先执行循环体，然后判断控制循环的条件。若条件成立，则继续执行循环体，直到条件不成立时，退出循环，如图 3.13 所示。

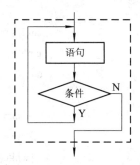

图 3.13　直到型结构流程图

用 do-while 语句实现直到型循环，do-while 语句的一般格式如下：

```
    do{
        语句;
    }while(表达式);
```

其功能是先执行循环体，然后计算表达式的值，其值若为真(非 0)则继续执行循环体，直到表达式为假时为止。

说明：do-while 循环与 while 循环很相似，只是执行原则是"先执行，后判断"。循环开始先执行循环体 1 次，再判断条件，如果条件不满足，至少执行了一次循环体。而 while 循环则不然，如果循环条件不满足，则一次都不执行循环体。

【例 3.12】　用 do-while 循环语句改写例 3.11，流程图如图 3.14 所示。

程序清单如下：

```
    #include <iostream>
    using namespace std;
    void main()
    {   int i=1, sum=0;      //循环控制变量要先赋值
        do
        {
```

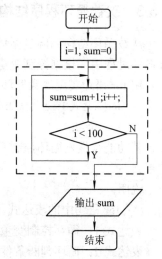

图 3.14　例 3.12 程序流程图

```
    sum=sum+i;
    i++;
    }while(i<=100);          //循环结束条件
    cout<<sum<<endl;
  }
```

【例 3.13】 while 和 do-while 循环的比较。

程序清单如下：

(1)

```
  void main()
  {
    int i, sum=0;
    cin>>i;
    while(i<=10)
    {
      sum=sum+i;
      i++;
    }
    cout<<"sum= "<<sum<<endl;
  }
```

运行情况如下：

1✓

sum=55

再运行一次：

11✓

sum=0

(2)

```
  void main()
  {
    int i, sum=0;
    cin>>i;
    do
    {
      sum=sum+i;
      i++;
     }while(i<=10);
     cout<<"sum= "<<sum<<endl;
  }
```

运行情况如下：

1✓

sum=55

再运行一次：

11✓

sum=11

3.3.3　次数循环程序结构

次数循环结构如同当循环，它的特点是设计循环时，确定了循环体执行的次数，在执行循环过程中，根据控制变量的变化使得程序完成反复操作。

用 for 语句实现次数循环结构，for 语句的一般格式如下：

```
    for(表达式 1; 表达式 2; 表达式 3)
          语句;
```

其功能是根据循环控制变量的初值、终值和步长值，重复执行循环体，等价 while 结构形式。

说明：

(1) for 语句中的表达式，分别对应循环控制中的三个基本组成部分，即：

表达式 1：循环控制变量的初始化(只执行 1 次)。

表达式 2：循环判断条件，是循环的入口，若条件满足则执行循环体，否则结束循环。

表达式 3：改变循环控制变量操作(循环控制变量的增量)，执行完循环体后，执行该语句，之后转去执行表达式 2。

(2) 循环体由"语句"部分来描述，和其他循环一样。它也可以是一条语句、空语句或复合语句。次数循环结构流程图如图 3.15 所示。

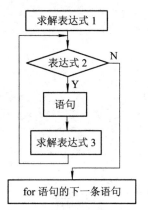

图 3.15　次数循环结构流程图

【例 3.14】　将例 3.13 改用 for 语句书写。

程序清单如下：

```cpp
#include <iostream>
using namespace std;
void main()
{
    int i, sum=0;
    for(i=1; i<=100; i++)
        sum+=i;
    cout<<"sum="<<sum<<", "<<"i="<<i<<endl;
}
```

运行结果为

```
sum=5050, i=101
```

注意：最后 i 的值是 101，而不是 100。

C++ 中允许将局部变量的声明放在任何位置，例如，for(int i=1; i<=100; i++)，但我们不提倡这种方式，它不利于程序维护。

(3) for 循环语句的表达式 1 和表达式 3 都可以是逗号表达式。例如，例 3.14 可改写为

```cpp
#include <iostream>
using namespace std;
void main()
{
    int i, sum;
    for(i=1, sum=0;i<100;i++, sum+=i);
    cout<<"sum="<<sum<<", "<<"i="<<i<<endl;
}
```

(4) 表达式 3 也可以出现在循环体中，但格式中的"；"不能丢。例如例 3.14 可改写为

```cpp
#include <iostream>
using namespace std;
void main()
{
    int i, sum;
    for(i=1, sum=0; i<=100;)
    {
        i++;
        sum+=i;
    }
    cout<<"sum="<<sum<<", "<<"i="<<i<<endl;
}
```

使用 for 语句设计循环可灵活地解决一些计算问题。比如，不需改动循环体，只需改变循环控制变量的初值、终值和步长值，可对同一类计算问题进行求解。

例如，求 sum = 5 + 10 + …… + 100 可改写成

```cpp
for(i=5; i<=100; i+=5);
```

求 sum = 0.1 + 0.2 + …… + 1.0，可改写成

```cpp
for(float i=0.1; i<=1.0 i+=0.1);
```

求 sum=100+90+……+10 可改写成

```cpp
for(i=100; i>=10; i-=10);
```

3.3.4　循环嵌套与多重循环程序结构

在一个循环的循环体内又包含另一个循环语句，称为循环嵌套结构。两层循环嵌套结构称为双层循环结构；两层以上的嵌套结构则称为多重循环结构。

C 语言提供的三种循环语句都可以互相嵌套。在使用循环相互嵌套时，被嵌套的一定是一个完整的循环结构，即两个循环结构不能相互交叉，如图 3.16 所示。

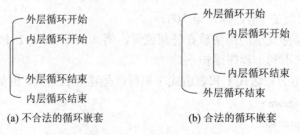

(a) 不合法的循环嵌套　　　　　(b) 合法的循环嵌套

图 3.16　循环嵌套结构流程

【例 3.15】　设计循环嵌套结构，计算百钱买百鸡问题。公鸡 5 元 1 只，母鸡 3 元 1 只，小鸡 1 元 3 只，100 元钱买 100 只鸡，有多少种买法?

分析：所有可能买成功的买法是：100 元钱最多买 20 只公鸡、33 只母鸡，建立以公鸡为控制变量的外循环，内嵌以母鸡为循环控制变量的内循环，小鸡数 $z = 100 - $ 公鸡数 $-$ 母

鸡数，如果买三种鸡用的钱数等于 100，则说明购买成功。判断表达式为

　　　x*5 + y*3 + (100 - x - y)/3.0) = = 100&&(z%3 = = 0)

程序清单如下：

```
#include <iostream>
using namespace std;
void main()
{
    int x, y, z;
    for(x=1; x<=20; x++)                              // 100 元最多能买 20 只公鸡
    for(y=1; y<=33; y++)
    {                                                  // 100 元最多能买 33 只母鸡
        z=100-x-y;                                     //求出小鸡数
        if((x*5+y*3+(100-x-y)/3)==100&&z%3==0)         //购买条件的判断
            cout<<"x="<<x<<", "<<"y="<<y<<", "<<"z="<<z<<endl;     //输出三种鸡的数量
    }
}
```

运行结果为

　　　x=4, y=18, z=78

　　　x=8, y=11, z=81

　　　x=12, y=4, z=84

说明：

(1) 如果表达式 x*5+y*3+(100-x-y)/3.0)==100&&z%3==0 的逻辑值为 1，则表示购买成功，执行打印输出语句。若购买失败则进行下次购买。

(2) 循环语句执行特点：进入外循环后(如：x=1)，内循环控制变量 y 取值范围为 1～33，要执行一轮才结束，那么 x 取值范围为 1～20，内循环就要执行 20 轮，由此可知，if((x*5+y*3+(100-x-y)/3.0)==100&&z%3==0)语句是内循环中的语句，到整个程序结束时，该语句就要执行 20*33 次。

(3) 嵌套结构的层次结构如同算术运算中的{…[…(………)…]…}运算。

3.3.5　三种循环语句的比较

(1) C 语言提供的三种循环语句可以用来处理同一问题，但在具体情况下各有所侧重。for 语句简洁、清晰，它将初始条件、判断条件和循环变量书写在一行，显得直观明了，多用于处理初值、终值和步长值都明确的问题。while 语句多用于处理精确计算、利用终止标志控制循环的问题。

(2) while 和 do-while 语句的循环控制变量初始化是在循环语句之前完成的，而 for 语句循环变量的初始化是在 for 语句中的表达式 1 中，也可以在 for 语句前实现。

(3) for 语句与 while 语句的执行过程相同，先判断条件，后执行循环体，do-while 语句执行循环体后判断循环条件，无论条件是否满足都要执行一次循环体。

3.4　循环体内使用 break 语句和 continue 语句

C 语言程序的循环体内可以设定循环中断语句,提前结束循环,也可以设定结束本次循环体的操作,提前进入下次循环操作。break 语句和 continue 语句就是专门用于循环体中的两条语句,在循环体中可以实现其功能。

3.4.1　break 语句

break 语句用于强制中断循环的执行,结束循环。break 语句的一般格式:

　　break;

其功能是强制中断当前的循环,不再执行后面的循环语句而退出循环。

说明:

(1) 此语句只能用在三条循环语句的循环体中或 switch 语句中,单独使用此语句无意义。

(2) 当 break 语句用于 do-while、for 或 while 循环语句中时,通常总是与 if 语句联用,即满足 if(条件)时便跳出循环。请参考图 3.17 理解此语句的功能。

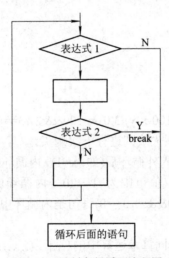

图 3.17　强制中断循环流程图

【例 3.16】 计算半径 r 从 1～10 时的面积并输出计算结果,直到面积大于 100 为止。

分析:在求圆面积的循环中,对求出的面积进行判断,以大于 100 作为条件,满足该条件时提前结束循环。

程序清单如下:

```
#include <iostream>
using namespace std;
const   float   PI=3.1415926;
void main()
{
    int r;
```

```
        float area;
        for(r=1;r<=10;r++)
        {
            area=PI*r*r;
            if(area>100)
                break;              //满足条件 area>100，则提前结束循环
                cout<<"area= "<<area<<endl;
        }
    }
```

运行结果为

```
    area=3.14
    area=12.57
    area=28.27
    area=50.27
    area=78.54
```

说明：

(1) 如果是在多层循环中，break 语句只向外跳一层。例如：例 3.15 加上 break 语句，break 则跳出内循环，进入外循环。

程序清单如下：

```
        #include <iostream>
        using namespace std;
        void main()
        {
            int x, y, z;
            for(x=1;x<=20;x++)
            {                                      //外循环体用 { } 括起来更清晰
                for(y=1;y<=33;y++)
                {                                  //内循环体用 { } 括起来更清晰
                    z=100-x-y;
                    if((x*5+y*3+(100-x-y)/3.0)==100&&(z%3==0))
                    {
                        cout<<"x="<<x<<", "<<"y="<<y<<", "<<"z="<<z<<endl;
                        break;                     //跳出内循环
                    }
                }                                  //内循环结束
            }                                      //外循环结束
        }
```

(2) break 语句和 if-else 语句配合使用从而构成第 2 个结束条件。

【例 3.17】　从键盘上输入若干个字符，以回车换行符作为结束符号(称为终止标志)，

统计有效字符个数。

分析：

(1) 有效字符指第一个空格出现之前的所有字符。如果没有输入空格则以回车换行符为结束符，如果输入了空格强制结束程序。

(2) 在程序中设一个计数器 n 用来统计字符出现的个数。

程序清单如下：

```cpp
#include <iostream>
using namespace std;
void main()
{
    int n=0;                          //计数器的初值为 0
    char c;
    while((c=getchar())!='\n')        //输入的不是回车符则继续执行循环
    {
        if(c==' ')                    //输入的是空格符则结束循环
            break;
        n++;
    }
            cout<<"number of charaters= "<<n<<endl;
}
```

运行时输入：

GOOD　abcd↙

运行结果为

number of charater=4

3.4.2　continue 语句

continue 语句用于中断本次循环，提前进入下一次循环。continue 语句的一般格式：

continue;

其功能是跳过循环体中剩余的语句而执行下一次循环。

说明：

(1) continue 语句只用在 for、while 和 do-while 等循环体中，通常与 if 条件语句一起使用，用来加速循环执行。

(2) 循环体中单独使用 continue 语句无意义。请参考图 3.18 来理解 continue 语句功能。

【例 3.18】 输出 100 到 200 之间能被 3 整除的自然数。

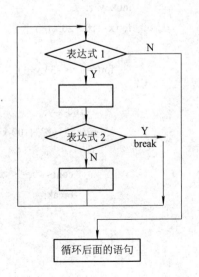

图 3.18　结束本次循环流程图

分析：

(1) 在判断整除操作过程中，如果不能被 3 整除，就转入执行控制变量的变化语句 (n++)，本次循环体中余下的语句不再执行。

(2) 从 100～200 之间的整数要逐个检测，其判断表达式为 n%3! = 0。

程序清单如下：

```
#include <iostream>
using namespace std;
void main()
{    int n, i=0;
     for(n=100; n<=200; n++)
     {
         if(n%3!=0)
             continue;        //如果能被 3 整除则不打印，返回循环开始，执行 n++
         cout<<n<<"   ";
         i++;                 //用来统计被 3 整除的数字个数，用做打印换行
         if(i%10==0)          //每输出 10 个数字后另起一行
             cout<<endl;
     }
}
```

运行结果为

```
102   105   108   111   114   117   120   123   126   129
132   135   138   141   144   147   150   153   156   159
162   165   168   171   174   177   180   183   186   189
192   195   198
```

3.5　goto 语句及标号语句

goto 语句为无条件转向语句，它可以出现在程序的任何地方，实现程序流程的任意转移，即跳到某一位置去执行该位置的语句。goto 语句的一般格式：

```
goto 语句标号；
```

其功能是强制终止本语句行之后的语句，跳转到语句标号对应的标号语句继续执行程序。

说明：

(1) 语句标号实际上是一个入口地址，用来标明要转移到的那条语句。

(2) 语句标号是一个标识符，其命名规则和变量名相同。语句标号格式要求加 “：”，如例 3.19 中的 “loop:”。

(3) 语句标号只在说明它的函数中可见，且不能重名。

标号语句的格式为

```
标号：
```

语句；

【例 3.19】 计算 $s = 1 + 2 + 3 + 4 + \cdots + 100$，使用 goto 语句实现。

程序清单如下：

```
#include <iostream>

using namespace std;

void main()

{

    int i=1, s=0;

    loop:                      //此处为标号，表示重复操作的语句入口

    {

        s+=i;

        ++i;

        if(i<=100)

        goto loop;             //此语句为无条件转移语句

    }

    cout<<s<<endl;

}
```

运行结果为

```
5050
```

使用 goto 语句可以使流程转移到程序的某个程序段。正确地使用 goto 语句可以提高程序的执行效率，但过多地使用 goto 语句将使程序流程混乱，可读性差。故从结构化程序设计的观点出发，建议在编程时尽可能地不用或少用 goto 语句。

3.6　综　合　举　例

【例 3.20】 使用公式 $\pi/4 = 1 - 1/3 + 1/5 - 1/7 + \cdots$，求 π 值，要求精度达到其最后一项的近似值的绝对值小于 10^{-6}。

分析：

(1) 加数用变量 t 表示，最后一项作为循环结束条件，调用系统函数求绝对值，条件表达式为 fabs(t)>1e-6。

(2) 加数的分母 n 作为循环控制变量，步长值为 n+=2，加数的符号用 s 表示，则 t=s/n。

(3) pi 为累加器，pi=pi+t。

程序清单如下：

```
#include <iostream>

using namespace std;

#include<cmath>

void main()

{
```

```
        float s=1;                      // s 表示符号状态
        float n=1.0, t=1, pi=0;         //根据题意给各个变量赋初值
        while((fabs(t))>1e-6)           //其中 fabs()为绝对值函数
        {
            pi=pi+t;                    //t 为加数，pi 累加 t
            n=n+2;                      //n 为分母，其变化规律为 n=n+2
            s=-s;                       //加数的符号的变化规律
            t=s/n;                      //求加数 t
        }
        pi=pi*4;
        cout<<"pi= "<<pi<<endl;
    }
```

运行结果为

```
    pi=3.14159
```

【例 3.21】 求 Fibonacci 数列的前 20 个数。这个数列有如下特点，第 1，2 项均为 1；从第 3 项开始，该数是前两个数之和，即：

$$f1 = 1 \quad (n = 1)$$
$$f2 = 1 \quad (n = 2)$$
$$f(n) = f(n-1) + f(n-2) \quad (n \geq 3)$$

首先给出前几个数，供分析参考：1，1，2，3，5，8，… 。

分析：

(1) 根据题意已知第 1 个数为 $f1 = 1$，第 2 个数为 $f2 = 1$。通过 f1 和 f2 求出下一对数，即新的 f1 和 f2；计算公式是 $f1 = f1 + f2$；$f2 = f2 + f1$。已给出第 1 对数，只需再求 9 对数即可。

(2) 只需定义 f1、f2 两变量，以后求出的新数覆盖旧数。

程序清单如下：

```
    #include <iostream>
    using namespace std;
    #include<iomanip>                   //setw()包含在此文件中
    void main()
    {   long int f1, f2;
        int i;
        f1=1, f2=1;
        for(i=1; i<=10; i++)
        {
          cout<<setw(12)<<f1<<setw(12)<<f2<<endl; //先输出，后求新的 f1、f2，否则会丢掉第 1 对数
            f1=f1+f2;
            f2=f2+f1;
        }
    }
```

运行结果为

1	1
2	3
5	8
13	21
34	55
89	144
233	377
610	987
1597	2584
4181	6765

【例 3.22】 求 100～200 之间的所有素数。

分析： 如果 m 为素数，则 m 不能被 2～$\sqrt{m}$ 之间的任何整数整除。算法如下：

(1) 被测数 m 作为循环控制变量，设计循环结构：for(m=101; m<=200; m+=2)(只检测奇数)。

(2) 试除要在 i 为 2～k(k=sqrt(m))之间进行。由于被检测数都要试除，所以将除数 i 作为内循环的循环控制变量。

(3) 判断一个数是否被另一个整除，使用 "%" 运算符。在检测过程中，如果出现整除情况，则使用 break 语句提前结束循环，说明 m 不是素数，控制变量 i 小于 k；如果未出现整除情况，循环正常结束，说明 m 为素数，则循环控制变量 i 大于 k。

(4) 根据 k 值输出判断信息。

程序清单如下：

```
#include <iostream>
using namespace std;
#include <cmath>
void main()
{
    int m, k, i, n=0;
    for(m=101; m<=200; m=m+2)
    {
        k=sqrt(m);
        for(i=2; i<=k; i++)
            if(m%i==0)break;              //若整除结束循环，说明不是素数
        if(i>=k+1)                        //判断循环控制变量 i 是否超出 k，如果是，则 m 为素数
        {
            cout<<setw(6)<<m;             //输出数据 m 宽度 6
            n=n+1;                        //统计素数个数
        }
        if(n%10==0)    cout<<endl;        //每输出 10 个素数即换行
```

```
        }
        cout<<endl;
    }
```
运行结果为

| 101 | 103 | 107 | 109 | 113 | 127 | 131 | 137 | 139 | 149 |
| 151 | 157 | 163 | 167 | 173 | 179 | 181 | 191 | 193 | 197 |
| 199 |

习 题 3

一、单项选择题

1. C 语言允许 if-else 语句嵌套使用，规定 else 总是与(　　)配对。
    A. 其之前最近的 if   B. 第一个 if
    C. 缩近位置相同的 if   D. 其之前最近的且尚未配对的 if

2. 在循环结构中，先执行循环语句、后判断循环条件的结构是(　　)。
    A. 当型循环结构   B. 直到型循环结构
    C. 一般型循环结构   D. 次数循环结构

3. 设有说明语句：int a=1;，则执行以下语句后输出(　　)。

```
    switch(a)
    {
        case 1: cout<<"你好";
        case 2: cout<<"再见";
        default: cout<<"晚安";
    }
```
    A. 你好   B. 你好再见晚安   C. 你好　晚安   D. 你好再见

4. 对 break 语句和 continue 语句，下面说法不正确的是(　　)。
    A. break 语句强制中断当前循环，退出所在层循环
    B. break 语句不仅能用在循环语句中，还可用在 switch 语句中
    C. 在没有循环的情况下，continue 语句能用在 switch 语句中
    D. continue 语句不能退出循环体

5. 标有/*******/的语句的执行次数为(　　)次。

```
    int x=10;
    while(x++<20)
        x+=2;                 /*******/
```
    A. 10   B. 11   C. 4   D. 3

6. 标有/*******/语句的执行次数为(　　)次。

```
    int y=0, x=2;
    do{
```

```
        y=x*x;                    /*******/
    }while(++y<5);
```
  A. 5　　　　　　　B. 4　　　　　　　C. 2　　　　　　　D. 1

7. 若执行下面的程序时从键盘输入 5，则输出是(　　)。
```
    scanf("%d", &x);
    if(x++>5)
        printf("%d\n", x);
    else
    printf("%d\n", -x);
```
  A. -6　　　　　　　B. 6　　　　　　　C. 5　　　　　　　D. -5

8. 下列程序的输出结果是(　　)。
```
    int x=3;
    do{
        cout<<x--;
    }while(!x);
```
  A. 321　　　　　　B. 3　　　　　　　C. 21　　　　　　D. 210

9. 以下描述不正确的是(　　)。
  A. 使用 while 和 do-while 循环时，循环变量初始化的操作应在循环语句之前完成
  B. while 循环是先判断表达式，后执行循环体语句
  C. do-while 和 for 循环均是先执行循环语句，后判断表达式
  D. for，while 和 do-while 循环中的循环体均可以由空语句构成

10. 下列关于 switch 语句和 break 语句的叙述中，(　　)是正确的。
  A. break 语句用于结束 switch 语句的执行
  B. break 语句用于不存在 case 的情况下退出 switch 语句时使用
  C. break 只能用于循环语句，而不能用于 switch 语句
  D. break 语句是重复执行 case 语句的

二、阅读程序题

分析程序功能、加上注释并写出运行结果。

1. 以下程序执行后的输出结果是_____。
```
    #include <iostream>
    using namespace std;
    void main()
    {
        int t=1, i=5;
        for(;i>0;i--) t*=i;
        cout<<t;
    }
```

2. 以下程序执行后的输出结果是_____。

```
#include <iostream>
using namespace std;
void main()
{
    int i, s=0;
    i=1;
    do
    {
        if(i%3==0)
            s+=i;
        i++;
    }while(i<20);
    cout<<"s="<<s<<endl;
}
```

3．以下程序执行后的输出结果是＿＿＿＿＿＿＿＿＿＿＿＿＿＿＿＿＿＿＿。

```
#include <iostream>
using namespace std;
void main()
{
    int i=0;
    while(i<1000)
    {
        if(i==5)   break;
        else   cout<<i<<endl;
            i++;
    }
    cout<<"the loop break out.\n"<<endl;
}
```

4．以下程序运行时输入：100　20　300 时，执行后的输出结果是＿＿＿＿＿＿。

```
#include <iostream>
using namespace std;
void main()
{
    int c, s;
    float p, w, d, f;
    cin>>p>>w>>s;
    if(s>3000)
        c=12;
    else
```

```
            c=s/250;
        switch(c)
        {
            case 0: d=0;break;
            case 1: d=2;break;
            case 2:
            case 3: d=5;break;
            case 4:
            case 5:
            case 6:
            case 7: d=8;break;
            case 8:
            case 9:
            case 10:
            case 11: d=10;break;
            case 12: d=15;break;
        }
        f=p*w*s*(1-d/100.0);
        cout<<"freight= "<<f<<endl;
    }
```

5. 以下程序执行后的输出结果是_____。

```
#include <iostream>
using namespace std;
void main()
{
    int i, j, sum, m, n=4;
    sum=0;
    for(i=1;i<=n;i++)
    {
        m=1;
        for(j=1;j<=i;j++)
            m=m*j;
        sum=sum+m;
        cout<<"sum= "<<sum<<endl;
    }
}
```

三、程序填空题

1. 要求在运行程序时输入数据 1，输出结果为 55(即 1～10 的和)。

```
    #include <iostream>
```

```
using namespace std;
void main()
{
    int sum=1, i;
    cin>>i;
    do
    {
        _____;
        sum+=i;
    }while(_____);
    cout<<sum<<endl;
}
```

2. 程序的功能是输出 100 以内能被 3 整除的所有整数，请填空。

```
#include <iostream>
using namespace std;
void main()
{
    int i;
    for(i=0;_____;i++)
    {
        if(_____)
                continue;
        cout<<i<<endl;
    }
}
```

3. 从键盘上输入若干学生的成绩，统计并输出最高成绩和最低成绩，当输入负数时结束输入，请填空。

```
#include <iostream>
using namespace std;
void main()
{
    float x, max, min;
    cin>>x;
    max=x;
    min=x;
    while(_____)
    {
        if(x>max) max=x;
        if(_____) min=x;
```

```
            cin>>x;
    }
    cout<<"max="<<max<< ", "<<"min="<< min<<endl;
}
```

4. 打印以下图形。

```
         *
        ***
       *****
      *******
```

```
#include <iostream>
using namespace std;
void main()
{
    int i, j;
    for(i=1; i<=4; _____)
    {
        for(j=1; j<= 4-i; j++)
            cout<<"  ";              //用空格确定第 1 个*的位置
        for(j=1; j<=_____; j++)
            cout<<"*";               //打印一行*
        cout<<____;
    }
}
```

5. 输出九九乘法表。

```
#include <iostream>
using namespace std;
void main()
{
    int i, j;
    for( ____;i<=9;i++)
    {
        for(j=1; _____; j++)
            cout<<j<<"*"<<i<<"="<<_____;
        cout<<endl;
    }
}
```

四、编程题

1. 输入一个字符，判断它是否是 0～9 之间的阿拉伯数字(ASCII 范围在 48～57)。

2. 有一函数 $y = \begin{cases} x, & x < 0 \\ 2x-1, & 0 \le x < 10 \\ 3x-11, & x \ge 10 \end{cases}$，根据 x 值，计算出 y 值。

3. 输入一个英文字母，如果该字符是大写英文字符则输出："这是一个英文大写字母，朋友再见!"；如果是小写英文字符则输出："这是一个小写英文字母，朋友再见!"。要求使用 getchar()函数输入字符并要求使用条件运算符编写输出语句。

4. 打印 100～999 之间所有的水仙花数。水仙花数是一个三位数，其各位数的立方和等于该数本身。

5. 输入 4 个整数，要求按由小到大的顺序输出。

6. 编一个程序按下列公式计算 e 的值(精度为 10^{-6})，请参考求 π 值的算法。

$$e = 1 + \frac{1}{1!} + \frac{1}{2!} + \frac{1}{3!} + \frac{1}{4!} + \cdots + \frac{1}{n!}$$

7. 输出能被 11 整除且不含有重复数字的所有三位数，并统计其个数。

8. 每个苹果 0.8 元，第一天买 2 个苹果，从第二天开始，每天买的苹果数是前一天的 2 倍，直到当天购买的苹果数超过 100 个，问每天平均花多少钱?

第 4 章　数　　组

数组属于构造数据类型。数组是由相同数据类型的一组变量组成的集合体，其中，构成数组的变量称为元素。数组按下标个数分类，有一维数组、二维数组等。

数组中的数据可以是基本类型、指针类型、结构体类型和共用体类型等。数组中的元素在内存中是连续存放的，每个元素都可以通过下标来引用。当处理大量的同类型数据时使用数组是很方便的。

4.1　一　维　数　组

用一个下标能够区分具体元素的数组称为一维数组。

4.1.1　一维数组定义

一维数组定义形式为

　　　　【存储类型】　数据类型　数组名[常量表达式]

说明：

(1) 数据类型说明符可以是 int、char 和 float 等基本类型或构造类型，它表明每个数组元素所具有的数据类型。数组的存储类型与简单变量相同。

(2) 数组名的命名规则与变量名完全相同。

(3) 定义中常量表达式的值是数组的长度，即数组中所包含的元素个数。常量表达式通常是一个整型常量、整型常量表达式、常变量或符号常量，不可以含有变量，这是因为定义数组长度的表达式的值和计算是在编译时完成的，而变量的取值是在程序运行时得到的。例如，以下是合法的数组定义语句：

　　　　int age[40];

其中，age 是数组的名字，常量 40 指明了这个数组具有 40 个元素，每个元素都是 int 型。又如：

　　　　float f[6*6];

其中，表示数组 f 长度的是一个整型常量表达式，表明数组的长度为 36。数据类型为单精度。而以下数组使用了变量定义长度，不是合法的数组定义语句：

　　　　int i;

　　　　i=10;

　　　　int data[i];

(4) 如同简单变量一样，相同类型的数组和变量可以在一个类型说明符下一起说明，数组之间用逗号隔开。例如：

```
#define N 10
float f, a[10], b[N];
```

(5) C 语言数组元素的编号是从 0 开始编号的。例如有：double d[5]，则 d 数组的 5 个元素的下标依次是 0，1，2，3，4。

4.1.2　一维数组的存储形式

C 语言存储一维数组时根据数组定义的类型和长度，在内存中划分出一块连续的存储单元依次存储数组中的元素，其首元素的地址称为数组的首地址。同时，还规定数组名代表该数组的首地址，数组名也是一个地址常量。例如有以下定义语句：

```
short int a[10];
```

&a[0]与 a 都代表数组 a 的首地址。

数组 a 在内存中的存储方式如图 4.1 所示。

说明：内存地址值是用十六进制数方式表示的，为了便于读者理解，在图 4.1 中用十进制方式表示。

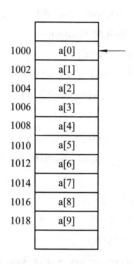

1000	a[0]
1002	a[1]
1004	a[2]
1006	a[3]
1008	a[4]
1010	a[5]
1012	a[6]
1014	a[7]
1016	a[8]
1018	a[9]

图 4.1　一维数组在内存中的存储方式

4.1.3　一维数组元素的引用

与变量类似，定义数组之后，就可以在程序中引用。在 C 语言中，不能对数组进行整体引用，只能对数组元素进行操作。

一维数组的引用格式为

数组名[下标表达式]

说明：

(1) 下标表达式是整型常量表达式或含变量的整型表达式。例如，有以下定义语句：

```
int   b, c, a[5];
```

数组 a 包含的元素为 a[0]，a[1]，a[2]，a[3]，a[4]。下面对数组 a 中的各元素赋值：

```
a[0]=0, a[1]=1, a[2]=2, a[3]=3, a[4]=4
```

如果通过数组元素给变量 b 和变量 c 赋值：

```
b=a[0]+a[2]-a[4]; c=a[0+3]+a[1*2];
```

则 b 的值为 –2，c 的值为 5。

同样，a[1*3]、a[8%4]、a[8/4]、a[a[2]]都是合法引用数组的形式。

(2) C 语言编译系统对数组不做下标越界的检查。如果定义 int a[10](C 语言数组元素的下标从 0 开始使用)，程序中出现引用 a[10]，编译程序时并不报错，而把 a[9]的下一个单元中的内容(并非数组中元素)作为 a[10]引用，这有可能破坏数组以外的其他变量的值，造成意外的后果。因此，设计程序时必须注意这一点，确保数组的下标值在允许的范围之内。下面举例说明一维数组元素的引用。

【例 4.1】　读入一个一维数组，并按相反顺序输出各元素。

分析：

(1) 设数组含有 10 个元素，下标为 0～9。

(2) 以下标作为循环控制变量，在循环体内进行数组元素的引用。

程序清单如下：

```cpp
#include <iostream>
using namespace std;
#include <iomanip >              //setw()包含在此文件中
void main()
{    int i, a[10];
     for(i=0; i<=9; i++)
        cin>>a[i];              //逐个输入数组 a 的元素
     for(i=9; i>=0; i--)
        cout<<setw(6)<<a[i];    //逆序输出数组 a 的各元素
}
```

运行时输入：

    0 1 2 3 4 5 6 7 8 9✓

运行结果为

■■■■9■■■■8■■■■7■■■■6■■■■5■■■■4■■■■3■■■■2■■■■1■■■■0

4.1.4 一维数组的初始化

数组初始化就是在定义的数组的同时得到数组元素的值。其一般格式为

    [存储类型]　数据类型　数组名[常量表达式]={数据 1，数据 2，…，数据 n}；

说明：

(1) 花括号中的值是元素的初始值，用逗号分隔开。例如：

    int a[10]={0, 1, 2, 3, 4, 5, 6, 7, 8, 9};

则 a[0]～a[9]的值分别是 0～9。

(2) 数组若在定义时没有赋初值，则对于存储在静态存储区的数组各元素自动赋默认值(整型为 0，实型 0.0，字符型为空字符，ACSII 码为 0)，例如：

    static int a[5];   //各元素的值是 0

    static char c[10];   //数组 c 各元素为空字符

存储在动态存储区的数组各元素的值不确定。例如，

    auto int a[5];

    auto char c[10];

各元素没有初始化，使用前一定要赋值，这一点和简单变量一样。

(3) 可以只给一部分元素赋初值。例如：

    int a[10]={0, 1, 2, 3, 4};

其中，a[0]～a[4]的值分别是 0～4，而 a[5]～a[9]赋初值 0。

(4) 在对全部数组元素赋初值时，可以不指定数组的长度。例如：

```
int a[ ]={0, 1, 2, 3, 4};
```

相当于：

```
int a[5 ]={0, 1, 2, 3, 4};
```

系统会根据数组初值确定数组的长度。若定义的数组长度与提供的初值个数不等，则不能省略数组的长度。

4.1.5 一维数组程序设计举例

【例 4.2】 求含有 10 个数的数组中的最大元素及其所在的位置。

分析：

(1) 定义数组 a[10]，下标为 0～9。

(2) 定义变量 max 存储最大值，首先假设 a[0]为最大值，则 max=a[0]。

(3) 从 a[1]开始逐个将元素与 max 比较，如果 a[i]>max，则 max 被赋予与 a[i]相同的值，使用变量 position 记录下其最大值的位置。

程序清单如下：

```
#include <iostream>
using namespace std;
 void main()
{
    int a[10];
    int i, max, position;
    for(i=0; i<10; i++)
        cin>>a[i];
    position=0;
    max=a[0];                //设第一个元素为最大值，赋给 max
    for(i=1; i<10; i++)
        if(a[i]>max)         //若找到比当前最大值 max 还大的数
        {
            max=a[i];
            position=i;
        }                    //记下当前最大值及其位置
    cout<<"max="<<max<<" position="<<position<<endl;    //输出最大值及其位置
}
```

运行时输入：

```
5 2 13 8 27 9 49 36 0 10↙
```

运行结果为

```
max=49 position=6
```

【例 4.3】 求 fibonacci 数列的前 20 项。

其公式为

$$f(n) = \begin{cases} 1, & n = 1 \\ 1, & n = 2 \\ f(n-1) + f(n-2), & n > 2 \end{cases}$$

分析: fibonacci 数列的特点: 前两项为 1、1, 从第 3 项开始其值为前两项之和。fibonacci 数列在第 3 章已接触过, 采用的方法是使用简单变量 f1 和 f2 求下一对数, 这种算法在求解的过程中不能保留下来中间的数据, 运行结束后变量 f1 和 f2 只保留最后一对数据。使用数组可将各数据作为数组元素保留下来。定义数组 f 存储数列中数据。

程序清单如下:

```cpp
#include <iostream>
using namespace std;
#include <iomanip>              //setw()包含在此文件中
void main()
{
    int i, f[20]={1, 1};        //给数列的第一个和第二个元素赋值
    for(i=2; i<20; i++)
        f[i]=f[i-2]+f[i-1];     //数组当前元素的值是其前两项的和
    for(i=0; i<20; i++)
    {
        if(i%5==0) cout<<endl;  //每行输出 5 个元素
            cout<<setw(10)<<f[i];
    }
}
```

运行结果为

1	1	2	3	5
8	13	21	34	55
89	144	233	377	610
987	1597	2584	4181	6765

【例 4.4】　使用冒泡法将 6 个数据从小到大排序。

分析: 排序是程序设计的一种重要操作。排序是将一组随机排放的数按从小到大(升序)或从大到小(降序)重新排列。排序有冒泡法、选择法和插入法等。本例中采用冒泡法实现升序排列。

冒泡法的思路: 假设数组中有 6 个元素, 存放在 a[1]~a[6]中, 为便于理解, 下标为 0 的元素可以不用。将相邻两个数 a[i]和 a[i+1]比较, 将大数调到后头, 小数调到前头, 第一轮比较下来, 将最大值放入 a[6]中(大的数下沉, 小的数上浮), 剩余的从 a[1]到 a[5]未排序的数再两两比较, 大的数调到后头, 第二轮比较下来, 次大的数放入了 a[5], 如此循环 n−1 轮, 则将 6 个数按从小到大分别存在 a[1], a[2], …, a[6]中。

通过分析得知, 这是一个双重循环才能实现的问题。

程序清单如下:

```cpp
#include <iostream>
```

```
using namespace std;
void main()
{   int a[7], i, j, t;
    cout<<"input 6 numbers:\n";
    for(i=1; i<=6; i++)
      cin>>a[i];
    for(i=1; i<6; i++)
      for(j=1; j<=6-i; j++)
      if(a[j]>a[j+1])
      {
          t=a[j];
          a[j]=a[j+1];
          a[j+1]=t;
      }
    for(i=1;i<=6;i++)
      cout<<a[i]<<"       ";          //可使用 swtw( )控制输出项宽度
}
```

运行时输入：

　　5 2 6 4 1 3↙

运行结果为

　　1 2 3 4 5 6

若有 6 个无序的数 5、2、6、4、1、3，用冒泡法排序的具体过程：第一次比较 5 和 2，前面数大，因此将 5 和 2 对调。第二次 5 和 6 比较，因为小数在前所以不需要对调，第三次 6 和 4 对调，第四次 6 和 1 对调，第五次 6 和 3 对调，第一轮排序结束，此时最大数 6 已"沉底"，而小的数"上升"，如图 4.2 所示。然后进行第二轮排序，对余下的前面 5 个未排序的数按上述方法进行比较，次大数 5 排到倒数第二个位置上。如此进行下去，可以推知，对 6 个数要进行 5 轮比较，才能使 6 个数按从小到大的顺序排序。如果有 n 个数，则需进行 n−1 轮比较。

```
5 2 6 4 1 3
 交换
2 5 6 4 1 3
  不交换
2 5 6 4 1 3
   交换
2 5 4 6 1 3
    交换
2 5 4 1 6 3
     交换
2 5 4 1 3 6
      最大值
```

图 4.2　冒泡排序法图示

4.2　二维数组及多维数组

用两个下标能够区分具体元素的数组称为二维数组。用 3 个及 3 个以上下标表示的数组称为多维数组。

4.2.1　二维数组及多维数组定义

二维数组定义的一般形式为

[存储类型] 数据类型 数组名[常量表达式][常量表达式];

例如：

　　int a[2][3], b[5][10];

说明：

(1) 定义 a 为 2 行 3 列的整型数组，共有 2×3＝6 个元素；b 为 5 行 10 列的整型数组，共有 5×10＝50 个元素。

(2) 这种定义方式便于把二维数组看成一种特殊的一维数组。例如，将 a 看做一个一维数组，共有 2 个元素 a[0]、a[1]，而这两个元素中的每一个又包含了 3 个整型数据的一维数组。因此，可以把 a[0] 和 a[1] 看做两个一维数组的数组名，其中 a[0] 数组包含 3 个元素 a[0][0]、a[0][1] 和 a[0][2]，a[1] 数组也包含了 3 个元素 a[1][0]、a[1][1] 和 a[1][2]。

C 语言的这种处理方法在数组初始化和用指针表示数组时很方便，C 语言还允许使用多维数组，定义方法可由二维数组类推。例如，定义一个三维数组：

　　int c[2][3][4];

该数组包括 2×3×4＝24 个元素。

4.2.2　二维数组及多维数组的存储形式

在 C 语言中，二维数组中元素的排列顺序是按行连续存放的，即在内存中先顺序存放完第一行元素，再继续存放第二行元素，直到最后一行。例如：int a[2][3];，则数组 a 中元素的排列顺序如图 4.3 所示。该数组的元素在内存中的存储形式如图 4.4 所示。

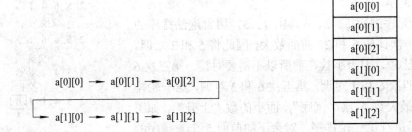

图 4.3　二维数组 a 中元素的排列顺序　　　　图 4.4　二维数组 a 在内存中的存储形式

多维数组元素在内存中的存放顺序的规律与二维数组相同，元素最左边的下标变化最慢，最右边的下标变化最快。例如：int c[2][3][4];，则数组 c 中元素的排列顺序如图 4.5 所示。

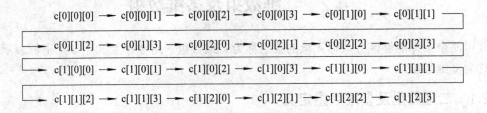

图 4.5　数组 c 中元素的排列顺序

其在内存中的存放形式如图 4.6 所示。

| c[0][0][0] |
| c[0][0][1] |
| … |
| c[0][0][3] |
| c[0][1][0] |
| … |
| c[0][1][3] |
| c[0][2][0] |
| … |
| c[0][2][3] |
| c[1][0][0] |
| … |
| c[1][2][3] |

图 4.6　三维数组 c 在内存中的存储形式

4.2.3　二维数组元素的引用

与一维数组相同，二维数组和多维数组都不能进行整体引用，只能对具体元素进行引用。引用格式与一维数组类似。二维数组元素的引用格式为

　　数组名[下标表达式][下标表达式]

说明：

(1) 下标表达式可以是整型常量表达式，也可以是含变量的整型表达式。例如：

　　int a[2][3];

以下是对数组元素的合法引用：a[0][1]、a[1][2]、a[3*2-5][6%3]等。

(2) 同样在数组元素的引用中要特别注意下标越界问题。

4.2.4　二维数组的初始化

二维数组初始化方式有两种。

(1) 按行对二维数组初始化。例如：

　　int a[2][3]={{1, 2, 3}, {4, 5, 6}};

常量表中的第一对花括号中的初始化数据将赋给数组 a 的第一行元素，第二对花括号中的初始化数据将赋给 a 的第二行元素，即按行赋值，这种赋值方式清楚直观。

(2) 按数组元素的存放顺序对二维数组初始化。例如：

　　int a[2][3]={l, 2, 3, 4, 5, 6};

这种方式将所有初始化值写在一个花括号中，依次赋给数组的各元素，初始化结果与前一种方式相同。当数据量很大时，采用这种方式不便于检查错误。

说明：

(1) 初始化时可对数组全部元素初始化，也可以只对部分元素初始化。例如：

　　int a[3][4]={{1}, {2}, {3}};

它的作用是只对各行第一列的元素赋初值，其余元素值自动为 0。赋初值后数组各元

素为

$$\begin{bmatrix} 1 & 0 & 0 & 0 \\ 2 & 0 & 0 & 0 \\ 3 & 0 & 0 & 0 \end{bmatrix}$$

也可以只对某几行赋初值，例如：

　　　int a[3][4]={{1}, {2, 3}};

赋初值后数组各元素为

$$\begin{bmatrix} 1 & 0 & 0 & 0 \\ 2 & 3 & 0 & 0 \\ 0 & 0 & 0 & 0 \end{bmatrix}$$

(2) 对全部元素初始化时，可以省略数组第一维的长度，但第二维的长度不能省略。例如：

　　　int a[][3]={1, 2, 3, 4, 5, 6};

赋初值后数组各元素为

$$\begin{bmatrix} 1 & 2 & 3 \\ 4 & 5 & 6 \end{bmatrix}$$

由于未指定数组第一维的长度，C 语言编译程序将根据数组第二维的长度以及初始化数据的个数，确定数组第一维的长度为 2，保证数组大小足够存放全部初始化数据。

(3) 按行初始化时，对全部或部分元素初始化均可省略数组第一维的长度，例如：

　　　int a[3][2]={{1, 2}, {0}, {3}};

还可写成：

　　　int a[ ][2]={{1, 2}, {}, {3}};

系统能根据初始值分行情况自动确定该数组第一维的长度为 3。赋初值后数组各元素为

$$\begin{bmatrix} 1 & 2 \\ 0 & 0 \\ 3 & 0 \end{bmatrix}$$

4.2.5　二维数组程序设计举例

【例 4.5】将一个二维数组的行和列元素互换(即矩阵的转置)，将结果存到另一个数组中。

程序清单如下：

```
#include <iostream>
using namespace std;
#include <iomanip >
void main()
```

```
{
    int a[2][3]={{1, 2, 3}, {4, 5, 6}}, b[3][2];
    int i, j;
    cout<<"array a is:"<<endl;
    for (i=0; i<2; i++)                //输出二维数组 a 中各元素的值
    {
        for (j=0; j<3; j++)
            cout<<setw(10)<<a[i][j];
        cout<<endl;
    }
    cout<<"array b is:"<<endl;
    for(i=0; i<3; i++)
    {
        for(j=0; j<2; j++)
        {
            b[i][j]=a[j][i];      //将数组 a 的 j 行 i 列元素的值存入数组 b 的 i 行 j 列中
            cout<<setw(10)<<b[i][j];
        }
        cout<<endl;
    }
}
```

运行结果为

```
array a is:
    1    2    3
    4    5    6
array b is:
    1    4
    2    5
    3    6
```

【例 4.6】 在二维数组 a 中选出各行最大的元素组成一个一维数组 b。

程序清单如下：

```
#include <iostream>
using namespace std;
#include <iomanip>
void main()
{
    static int a[][4]={3, 16, 87, 65, 4, 32, 11, 108, 10, 25, 12, 27};
    int b[3], i, j, rowmax;
    for(i=0; i<=2; i++)
```

```
    {
        rowmax=a[i][0];              //每行第一个元素为默认的最大值
        for(j=1; j<=3; j++)
        if(a[i][j]>rowmax)
            rowmax=a[i][j];          //当前行找到更大的数
        b[i]=rowmax;                 //将该行最大值存入一维数组 b 中
    }
    cout<<"array a is:"<<endl;
    for(i=0; i<=2; i++)
    {
        for(j=0;j<=3;j++)
            cout<<setw(10)<<a[i][j];
        cout<<endl;
    }
        cout<<"array b is:"<<endl;
        for(i=0; i<=2; i++)
            cout<<setw(10)<<b[i];
        cout<<endl;
}
```

4.3　字符数组与字符串

所谓"字符串",是指若干有效字符的序列。不同的系统允许使用的字符是不相同的。C 语言中的字符串可以包括字母、数字、专用字符和转义字符等。例如,下列字符串都是合法的:

"Hello" "C program" "35.29" "China\tBeijing\n"

C 语言中没有字符串变量。字符串不是存放在一个变量中,而是存放在一个字符型的数组中。在 C 语言中,字符串被作为字符数组来处理。这里先介绍字符数组的定义、初始化和输入/输出,再介绍一些字符串处理函数。

4.3.1　字符数组与字符串

1. 字符数组的定义

用于存放字符串数据的数组是字符数组,字符数组中的一个元素存放一个字符。一维字符数组的一般格式为

char 数组名[常量表达式];

例如:

char str[10];

2. 字符数组的初始化

字符数组的初始化有两种方式。

(1) 逐个给数组中的各元素赋初值，即将字符常量依次放在花括号中。例如：

    char str[15]={'C', ' ', 'p', 'r', 'o', 'g', 'r', 'a', 'm'};

则字符型数组中就存放了一个字符串 "C program"，即把 9 个字符依次赋给 str[0]～str[8]。如果花括号中提供的字符个数大于数组长度，则按语法错误处理。如果提供的字符个数少于数组的长度，只将这些字符赋给数组中前面那些元素，其余的元素自动定为空字符 \0。字符数组在内存中的存放形式如图 4.7 所示。

C		p	r	o	g	r	a	m	\0	\0	\0	\0	\0	\0

图 4.7　字符数组在内存中的存放形式

\0 在 C 语言中是字符串结束标志，它表示字符数组中存放的字符串到此结束。为何用 \0 这样一个符号作为字符串的结束标记呢？由于符号 \0 是指 ASCII 为 0 的字符。ASCII 代码为 0 的字符不是一个普通的可显示字符。而是一个"空操作"字符，它不进行任何操作，字符 \0 可以用赋值方法赋给一个字符型数组中的一个元素。例如：

    char str[15]={'C', ' ', 'p', 'r', 'o', 'g', 'r', 'a', 'm', '\0'};

它与上面的初始化方式在内存中的存储结果是一样的。

需要说明的是，即使初始化时 \0 后面还有其他字符，系统也会认为 \0 之前的字符才是字符串中的字符。例如：

    char str[15]={'C', ' ', 'p', 'r', 'o', 'g', 'r', 'a', 'm', '\0', '&', 'C', '+', '+'};

因为 \0 已经标志着一个字符串的结束，因此，上面定义的字符串 str 在实际使用中 \0 之后的字符不会产生作用。

(2) 直接使用字符串常量初始化，字符串常量加不加花括号都可以。例如，

    char str[15]={ "C program"};

或者　　　char str[15]= "C program";

这时，C 编译程序会自动在字符串的末尾增加一个 \0 字符。需要注意的是，初始化时，一定要使定义的数组的大小至少比所赋的字符串长度大 1。

初始化时也可以不指定数组的大小，上面初始化的语句也可写成：

    char str[ ]="C program";

这时，系统会根据字符串的实际长度决定数组的大小。

4.3.2　字符数组的输入/输出

字符串的输入/输出有如下两种方式。

1. 用格式符 "%c" 实现逐个字符输入/输出

【例 4.7】　阅读程序，写出程序结果。

程序清单如下：

```
#include <iostream>

using namespace std;
```

```
    void main()
    {
        char str[5];
        int i;
        printf("input four characters:\n");
        scanf("%c, %c, %c, %c", &str[0], &str[1], &str[2], &str[3]);    //读入 4 个字符
        for(i=0; i<4; i++)                                               //依次输出字符数组的元素
            printf("%c", str[i]);
    }
```

运行时输入：

abcd✓

运行结果为

a　b　　c　d

说明：只输出有效字符，'\0' 并不输出。

2. 用格式%s 实现整个字符串输入/输出

【例 4.8】　使用 C 语言输出格式控制符输入/输出整个字符串。

程序清单如下：

```
    #include <iostream>
    using namespace std;
    void main()
    {
        char str[5];
        printf("input four characters:\n");
        scanf("%s", str);              //读入字符串
        printf("%s\n", str);           //输出字符串
    }
        input four characters: abcd✓
```

运行结果为

abcd

注意：

(1) 用 scanf()函数输入字符串时，字符串中不能包含空格，否则空格将作为字符串的结束标志。

例如：

```
    char str[15];
    scanf("%s", str);
```

如果输入 11 个字符 "How are you"，实际上并不是把这 11 个字符加上 '\0' 存到数组 str 中，而只将第一个空格前的 "How" 字符串送到 str 中，str 实际值为 "How\0"，系统把第一个空格当做结束标志。

(2) 在 C 语言中，数组名代表的是该数组的首地址(以此地址开始的一块连续的存储单

元)。因此，当 scanf( )函数的输入项是字符数组名时，不要加取地址符&，如例 4.8 中的 scanf("%s", str)，但如果 str 不是数组名，这种写法将是错误的。

　　(3) 二维数组可当做一维数组来处理，因此，一个二维数组可存储多个字符串。对二维数组输入/输出多个字符串时，可用循环完成。例如：

```
char str[2][10];
for(i=0; i<2; i++)
    scanf("%s", str[i]);          // str[i]代表行首地址
for(i=0; i<2; i++)
    printf("%s", str[i]);
```

将例 4.8 改用 C++ 风格，程序清单如下：

```
#include <iostream>
using namespace std;
void main()
{
    char str[5];
    cout<<"input four characters:"<<endl;
    cin>>str;                  //读入字符串
    cout<<str<<endl;           //输出字符串
}
```

【例 4.9】　输入一个字符串(只包含英文字母)存入数组 a。对字符串 a 中每个字符用 ASCII 加 3 的方法加密并存入数组 b。

　　分析：

　　(1) 字母在 a～z、A～Z 之间(ASCII 码是 65～90，97～122)，若超出字母范围则应返回字母区间。例如，字母 z 加密后的英文字母是 c。再对数组 b 解密存入数组 c 时，也要注意是否在字母区间问题。

　　(2) 首先读入字符数组 a，然后遍历(一个一个进行)字符串 a，在遍历的过程中，将每个字符(a[i])加 3 后存入数组 b 的元素 b[i]中，并判断是否超出了字母范围。

　　(3) 将结束符写入新字符串。

　　(4) 解密的方法和上述方法相似。

　　程序清单如下：

```
#include <iostream>
using namespace std;
void main ( )
{
    char a[80], b[80], c[80];
    int i=0;
    cin>>a;                    //输入一个字符串
    while(a[i]!='\0')          //加密程序段
    {
```

```
            b[i]=a[i]+3;
            if(b[i]> 'z'||b[i]> 'Z'&&b[i]< 'a')        //判断解密后是否超出英文字母范围
                b[i]=b[i]-26;                          //若超出，则重新回到英文字母中
            i++;
        }
        b[i]= '\0';                                    //写入字符串结束标志
        i=0;
        while(b[i]!= '\0')                             //解密程序段
        {
            c[i]=b[i]-3;
            if(c[i]< 'a'&&b[i]> 'Z'||c[i]< 'A')
                c[i]=c[i]+26;
            i++;
        }
        c[i]= '\0';
        cout<<b<<endl<<c<<endl;
    }
```

运行时输入：

　　student↙

运行结果为

　　vwxghqw

　　student

4.3.3　字符串处理函数

C 语言本身不提供字符串处理的功能，但 C 语言编译系统提供了大量的字符串处理库函数，用于输入/输出的字符串函数；定义在头文件"stdio.h"中；用于比较、拷贝、合并等用途的字符串函数，定义在头文件"string.h"中(C++ 头文件 iostream.h 均保留了其内容)。

下面介绍几个常用的字符串处理函数。

1. 字符串输出函数

调用格式：

　　puts(字符数组名);

功能：把字符数组中的字符输出到标准输出设备(显示器)，字符串结束标志转换成回车换行符。

puts( )函数完全可以用 printf( )函数取代，当需要按一定格式输出时，通常用 printf( )函数。

2. 字符串输入函数

调用格式：

　　gets(字符数组名);

功能：从标准输入设备(键盘)上输入一个字符串。本函数得到一个函数值，即为该字符数组的首地址。

使用时注意，gets( )函数和使用"%s"格式的 scanf()函数都是从键盘接收字符串的，但输入时有区别。对于 scanf 函数，"回车"或"空格"都作为字符串结束标志，而对于 gets 函数，只有"回车"才是字符串结束标志；空格则是字符串的一部分。

【例 4.10】　字符串输入/输出函数举例。

程序清单如下：

```
#include <iostream>
using namespace std;
void main()
{
    char str[15];
    cout<<"input a string:"<<endl;
    gets(str);                    //读入字符串，可用 cin>>str;
    puts(str);                    //输出字符串，可用 cout>>str;
}
```

运行时输入：

How are you↙

运行结果为

How are you

由例 4.10 可以看出，当输入的字符串中含有空格时，输出仍为全部字符串。说明 gets()函数并不以空格作为字符串输入结束的标志，而只以回车作为输入结束的标志。这是与 scanf()函数不同的。

3. 字符串连接函数

调用格式：

strcat (字符数组名 1，字符数组名 2);

功能：把字符数组 2 中的字符串连接到字符数组 1 中的字符串的后面，并删去字符串 1 后的结束标志 '\0'。本函数返回值是字符数组 1 的首地址。

例如，有程序段：

char str1[30]="Your native language is ";

char str2[10]="Chinese";

strcat(str1, str2);

该程序段的功能是将 str2 连接到 str1 之后，执行后 str1 的值为 Your native language is Chinese。

上面的程序段把初始化赋值的字符数组与动态赋值的字符串连接起来。要注意的是，字符数组 1 应定义足够的长度，否则不能全部装下被连接的字符串 2。

4. 字符串复制函数

调用格式：

strcpy(字符数组名 1, 字符串 2)

　　功能：把字符串 2 复制到字符数组 1 中。连同字符串结束标志 '\0' 也一同复制。字符串 2 也可以是一个字符串常量。这时相当于把一个字符串赋予一个字符数组。

　　例如，有程序段：

　　　　　char str1[15]= "C", str2[ ]="C Language";

　　　　　strcpy(str1, str2);

该程序段的功能是将字符串 2 复制给字符串 1，执行后字符串 str1 的值为 C Language。

　　注意：

　　(1) 字符串或字符数组不能整体赋值。例如，下面两条语句是错误的：

　　　　　str1=str2;

　　　　　str2="C 1anguage";

需要对字符串进行整体赋值操作时，必须使用 strcpy 函数。

　　(2) 函数要求字符数组 1 应有足够的长度，否则不能全部装下所拷贝的字符串 2。

5. 字符串比较函数

　　调用格式：

　　　　　strcmp(字符串 1, 字符串 2);

　　功能：按照 ASCII 码顺序比较两个数组中的字符串，函数返回值为比较结果。

　　字符串比较的方法是对两个字符串从左到右对应的字符相比较，两个字符比较时按照 ASCII 值大小决定大小关系，直到出现不同的字符或遇到 '\0' 为止，此时第一对不相同的字符的比较结果，即为两个字符串的比较结果。例如：

　　　　　"A"<"B"　　"THIS"<"this"　　"this">"these"

　　需要说明的是：字符串比较函数与前面介绍的函数返回值类型不同，字符串比较函数的返回值是整型值，返回值有三种可能。

　　(1) 字符串 1 大于字符串 2，返回值为一个正整数；

　　(2) 字符串 1 等于字符串 2，返回值为 0；

　　(3) 字符串 1 小于字符串 2，返回值为一个负整数。

　　注意：两个字符串不能直接用关系运算符比较大小。例如，下面的写法是错误的：

　　　　　if(strl==str2) printf("yes\n");

只能引用 strcmp()函数进行字符串比较。

6. 测字符串长度函数

　　调用格式：

　　　　　strlen(字符串);

　　功能：测字符串的实际长度(不含字符串结束标志 '\0')并作为函数返回值。

　　返回值是正整数，即字符串的长度。

　　例如：字符串 "C language" 的长度为 10，字符串 "C\0language" 的长度为 1。

7. 大小写转换函数

　　(1) 小写字母转换成大写字母。

　　调用格式：

strupr(字符串);

功能：将字符串中的小写字母转换成大写字母，其他字符不转换。

(2) 大写字母转换成小写字母。

调用格式：

strlwr(字符串);

功能：将字符串中的大写字母转换成小写字母，其他字符不转换。

4.3.4　字符数组程序设计举例

【例 4.11】 从键盘输入一个字符串，要求不使用库函数，将字符串复制到另一个字符数组后显示出来。

程序清单如下：

```cpp
#include <iostream>
using namespace std;
void main()
{
    char str1[20], str2[20];
    int i=0;
    cout<<"input string1:"<<endl;
    gets(str1);                    //读入字符串 1
    while(str1[i]!='\0')           //逐个将字符串 1 赋给字符串 2
    {
        str2[i]=str1[i];
        i++;
    }
    str2[i]='\0';                  //将字符串结束标志写入字符串 2
    cout<<"string 1 is: ";
    puts(str1);
    cout<<"string 2 is: ";
    puts(str2);
}
```

运行时输入：

input string1: C language↙

运行结果为

string 1 is: C language

string 2 is: C language

【例 4.12】 在 3 个字符串中，找出其中最大者。

程序清单如下：

```cpp
#include <iostream>
using namespace std;
```

```
    void main()
    {
        char string[20];
        char str[3][20];
        int i;
        cout<<"input three strings:"<<endl;
        for(i=0; i<3; i++)                    //读入 3 个字符串
            gets(str[i]);
        if(strcmp(str[0], str[1])>0)
            strcpy(string, str[0]);           //求出最大值存入 string 中
        else
            strcpy(string, str[1]);
        if(strcmp(str[2], string)>0) strcpy(string, str[2]);
            cout<<"the largest string is:"<<string<<endl;
    }
```

运行时输入：

C✓

Pascal✓

Basic✓

运行结果为

the largest string is: Pascal

4.4　数组程序举例

【例 4.13】　编写在一组数据中查找一个数据的程序。

分析：10 个整数存放到一个一维数组 a 中，读入一个整数 key，查找整数 key 是否在数组 a 中，若找到，则输出数组元素的位置，否则输出"not found!"。

(1) 这是数组中的另一个常用算法——查找问题，查找是判断给定的值是否在数据表中的操作。查找的方法主要有顺序查找法和折半查找法等方法，本例中采用顺序查找法实现查找。

(2) 顺序查找法的思路：假设数组中有 10 个元素，从数组的一端开始，将数组元素的值和给定的待查找的值进行比较，若相等则查找成功，退出查找。否则继续向后(末端)查找，若直到数组结束也没有找到，则查找失败，输出没找到的信息。

程序清单如下：

```
    #include <iostream>
    using namespace std;
    void main()
    {
```

```
    int i, key, a[10];                          // i 记录所找数的位置
    cout<<"input 10 integers:"<<endl;
    for(i=0; i<10; i++)
        cin>>a[i];                              //输入数组
    cout<<"input an searching integer: "<<endl;
    cin>>key;                                   //输入待查找的整数
    for(i=0; i<10; i++)
        if(a[i]==key)                           //若当前元素与 key 相等，结束查找
        {
            break;
        }
        if(i<10)                                //若找到 key，则下标 i 的值小于 10
          cout<<key<<" is in array a, the position is "<<i<<endl;      //找到了
        else
          cout<<"not found!\n";                 //给出查找信息
    }
```

运行时输入：

19 38 67 10 5 92 23 12 81 50↙

input an searching integer:10↙

运行结果为

10 is in array a, the position is 3

再运行一次输入：

19 38 67 10 5 92 23 12 81 50↙

input an searching integer:20↙

运行结果为

not found!

【例 4.14】 求一个矩阵的对角线元素的和。

分析：矩阵可以用二维数组来存储，矩阵对角线元素的特点是行号和列号相等，因此需要遍历整个二维数组，将符合上述条件的元素累加即可。

程序清单如下：

```
    #include <iostream>
    using namespace std;
    void main()
    {
        int a[3][3], sum=0;
        int i, j;
        cout<<"please input the elements of a matrix:"<<endl;
        for(i=0; i<3; i++)
            for(j=0; j<3; j++)
```

```
        cin>>a[i][j];                          /*读入二维数组 a*/
    for(i=0; i<3; i++)
        sum=sum+a[i][i];                       /*将对角线的元素累加到 sum 中*/
    cout<<"the sum of diagonal is "<<sum<<endl;
}
```

运行时输入：

　　1 2 3✓

　　4 5 6✓

　　7 8 9✓

运行结果为

　　the sum of diagonal is　15

【例 4.15】 读入一个数字月份，然后输出该月份的英文名。

```
#include <iostream>
using namespace std;
void main()
{
    int month_num;
    static char name[][14]={
                        "illegal month",
                        "January",
                        "February",
                        "March",
                        "April",
                        "May",
                        "June",
                        "July",
                        "August",
                        "September",
                        "October",
                        "November",
                        "December"};
    cout<<"Input the month num:"<<endl;
    cin>>month_num;                            //输入月份
    cout<<month_num<1 || month_num>12) ? name[0] : name[month_num]<<endl;
}
```

运行时输入：

　　3✓

运行结果为

　　March

习　题　4

一、单项选择题

1. 定义数组时，表示数组长度的不能是(　　)。
   A. 整型变量　　　　B. 符号常量　　　　C. 整型常量　　　　D. 整型常量表达式

2. 执行下面的程序段后，变量 k 的值为(　　)。

   int k=1, a[2]; a[0]=1; k=a[k]*a[0];

   A. 0　　　　　　　B. 1　　　　　　　C. 2　　　　　　　D. 不确定的值

3. 设有定义 short x[5]={1, 2, 3};，则数组占用的内存字节数是(　　)。
   A. 10　　　　　　B. 6　　　　　　　C. 5　　　　　　　D. 3

4. 若已定义：char c[5]={'a', 'b', '\0', 'c', '\0'};，则 printf("%s", c);的输出是(　　)。
   A. 'a' 'b'　　　　B. ab　　　　　　C. abc　　　　　　D. "ab\0c"

5. 以下程序段的输出结果是(　　)。

   char ch[3][5]= {"AAAA", "BBBB", "CC"};

   cout<<ch[1];

   A. BBBB　　　　　B. AAAA　　　　　C. BBBBCC　　　　D. CC

6. 以下数组定义中，错误的是(　　)。
   A. int a[2][3];　　　　　　　　　　B. int b[][3]={0, 1, 2, 3};
   C. int c[100][100]={0};　　　　　　D. int d[3][]={{1, 2}, {1, 2, 3}, {1, 2, 3, 4}};

7. 若已定义：int a[3][2]={1, 2, 3, 4, 5, 6};，则值为 6 的数组元素是(　　)。
   A. a[3][2]　　　　B. a[2][1]　　　　C. a[1][2]　　　　D. a[2][3]

8. 设有 2 个字符数组 res 和 str，比较两个字符串使用的函数是(　　)。
   A. strcpy(res, str)　　　　　　　　B. strcmp(res, str)
   C. strlen(res)　　　　　　　　　　D. strcat(res, str)

9. 若已定义：int a[][4]={1, 2, 3, 4, 5, 6, 7, 8, 9};，则数组 a 的第一维的大小是(　　)。
   A. 2　　　　　　　B. 3　　　　　　　C. 4　　　　　　　D. 不确定

10. 两个字符数组比较的实质是对应字符的(　　)相比较，其较大的靠后。
    A. ASCII 码　　　B. 数组名　　　　C. 数组长度　　　D. 大写字符个数

二、填空题

1. 若定义 int a[10]={1, 2, 3};，则 a[2]的值是＿＿＿＿。

2. 若定义 char string[]="You are a student! ";，则该数组的长度是＿＿＿＿。

3. 若定义 int a[2][3]={{2}, {3}};，则值为 3 的数组元素表示为＿＿＿＿。

4. 若定义 char a[15]= "windows98";，则执行语句 cout<<a+7; 后的输出结果是＿＿＿＿。

5. 若定义 a[ ] = "Ab\123\\\'%%";，则执行语句 printf("%d", strlen(a));的结果为＿＿＿＿。

6. 若定义 char a[ ]= "ABCDe";，则执行语句 cout<<strupr(a);的结果为＿＿＿＿。

7. 若定义数组 a[5]={'1', '2', '\0', '5', '\0'};，则执行语句 cout<<a;的结果是_____。

8. 设有定义语句 char a[4][10]={"11", "22", "23", "44"};，则语句 puts(strcat(a[1], a[3]));的输出结果是_____，语句 puts(strcpy(a[0], a[2]));的输出结果是_____。

三、阅读题

分析程序的功能，写出程序的运行结果。

1. 以下程序运行后，输出结果是_____。

```cpp
#include <iostream>
using namespace std;
void main()
{
    int a[]={2, 4, 6, 8, 10};
    int y=1, j;
    for(j=0; j<3; j++)
        y+=a[j+1];
    cout<<y<<endl;
}
```

2. 以下程序运行后，输出结果是_____。

```cpp
#include <iostream>
using namespace std;
void main()
{
    int i, a[10];
    for (i=9; i>=0; i--)
        a[i]=10-i;
    cout<<", "<<a[2]<<", "<<a[5]<<", "<<a[8]<<endl;
}
```

3. 以下程序运行后，输出结果是_____。

```cpp
#include <iostream>
using namespace std;
void main()
{
    int y=18, i=0, j, a[8];
    do
    {
        a[i]=y%2; i++;
        y=y/2;
    }while(y>=1);
    for (j=i-1; j>=0; j--)
        cout<<a[j];
```

```
        cout<<endl;
    }
```

4. 以下程序运行后，输出结果是_____。

```cpp
#include <iostream>
using namespace std;
void main()
{
    char ch[7]={"65ab21"};
    int i, s=0;
    for(i=0; i<6; i++)
    if(ch[i]>='0'&&ch[i]<='9')
        s=10*s+ch[i]-'0';
    cout<<s<<endl;
}
```

5. 以下程序运行后，输出结果是_____。

```cpp
#include <iostream>
using namespace std;
void main()
{
    int a[4][5]={1, 2, 4, -4, 5, -9, 3};
    int b, i, j, i1, j1, n;
    n=-9;
    b=0;
    for(i=0; i<4; i++)
    {
        for(j=0; j<5; j++)
        if(a[i][j]==n)
        {
            i1=i;
            j1=j;
            b=1;
            break;
        }
        if(b)
            break;
    }
    cout<<n<<"是第"<<i1*5+j1+1<<"个元素"<<endl;
}
```

四、程序填空题

1. 下面程序的功能是：输入 10 个数，输出最小的数，请填空。

```cpp
#include <iostream>
using namespace std;
    void main()
    {
        int a[10], i, min;
        for(i=0; i<10; i++)
            cin>>_____;
            min=a[0];
        for(i=1; i<10; i++)
        if(a[i]<min)
            _____;
        cout<<min<<endl;
    }
```

2. 下面程序的功能是：输出两个字符串对应位置相等的字符，请填空。

```cpp
#include <iostream>
using namespace std;
void main()
{
    char a[]="programming", b[]="fortran";
    int i=0;
    while(a[i]!= '\0'&&_____)
    if(a[i]==b[i])
    {
        cout<<_____;
        i++;
    }
    else _____;
}
```

3. 下面程序的功能是：从字符数组 s 中删除存放在 c 中的字符，请填空。

```cpp
#include <iostream >
using namespace std;
void main()
{
    char s[20], c;
    int i=0, j=0;
    gets(s);
    cin>>c;
    while(          )
```

```
    {
        if(s[i]!=c)
        {
                ;
            j++;   i++;
        }
        else              ;
    }
    s[j]='\0';
    cout<<s<<endl;
}
```

五、编程题

1. 统计 N 个学生的成绩并输出低于平均分的人数。

提示：先求出 N 个学生的平均成绩，然后再找出低于平均分的人数。

2. 输入 5 个职工的职工号、基本工资、浮动工资和奖金，均为整型数据(见表4.1)，统计并输出总工资最高的职工号和总工资。

表4.1 5 个职工的工资情况

职工号	基本工资	浮动工资	奖金	总工资
25001	2300	1980	2000	
25002	1908	2000	1000	
25003	2490	1000	980	
25008	980	1200	680	
25010	1290	1800	390	

提示：设计一个整型数组 person[5][5]，每行前 4 个元素作为输入数据，求第 5 个元素 person［i］［4］(i=1～4)，并求出最大数，同时记录下最大值的位置。

3. 输入两个字符串 a 和 b，要求不用 strcat()函数把串 b 的前 5 个字符连接到串 a 末尾，如果 b 的长度小于 5，则把 b 的所有元素都连接到 a。

4. 统计一个字符串中英文、数字及其他字符的个数。

5. 编制程序，测试字符串 str2 是否整体包含在字符串 str1 中，若包含，则指明 str2 在 str1 中的起始位置。例如：str1="abcde"，str2="cd"，则 str2 包含在 str1 中，起始位置为 3。

6. 将方阵中所有边上的元素和对角线上的元素置 1，其他元素置 0。要求对每个元素只赋一次值，最后按矩阵形式输出。

第 5 章　函　　数

模块化程序设计是面向过程程序设计的很重要的方法，函数体现了这种思想。本章主要介绍模块化程序设计的实现方法，函数的定义及函数的调用方式、内部函数和外部函数的定义和调用方法等。

5.1　函　数　概　述

人们往往将一个复杂问题分解成一个个小问题，对各个小问题分别设计出解决方案，从而最终完成整个任务，程序设计就是采用类似的方法。当设计一个复杂的应用程序时，往往也是把整个程序分为具有一定功能的模块，分别予以实现，最后再把所有的模块组装起来，这种方法称为模块化程序设计方法。模块化程序具备逻辑清晰、层次分明的特点。C 语言程序函数充分体现了模块化程序设计的这一特点。在一个 C 语言源程序中，用户可将程序分解成一个个相对独立的函数模块，然后调用函数。函数是对不同数据进行处理的一种通用的程序形式，可以说，C 语言程序的全部工作都是由各种不同功能的函数完成的。用户可以把程序中经常用到的一些计算或操作编制成通用函数，以供主函数或其他函数调用。

一个 C 源程序由主函数和若干个或 0 个用户函数组成。C 语言中的函数没有隶属关系，即所有的函数都是独立定义的，不能嵌套定义。函数是通过调用来执行的，允许函数间互相调用，也允许直接或间接地递归调用其自身。main( )函数可以调用任何一个函数，而其他函数不能调用 main( )函数。

调用其他函数的语句称为调用语句，它所在的函数称为主调函数，被调用的函数称为被调函数。函数调用是将流程控制转到被调函数，被调用的函数执行完后返回主调函数的断点处，继续执行主调函数的后续语句。

C 语言程序的函数作为一个模块，一般应依据下面两个原则：

(1) 功能独立。函数的子任务要明确，函数之间的关系简单。

(2) 大小适中。若函数太大，处理任务复杂，会导致结构复杂，程序可读性较差；反之，若函数太小，则程序调用关系复杂，这样会降低程序的效率。

图 5.1 给出了模块化结构的示意图。图中的矩形框表示功能模块，它们均具有相对独立的单一功能；连接矩形的箭头表示模块间的调用关系；箭头指向的是被调用模块。从图 5.1 可以看出，软件中模块 A 的实现需要调用模块 B、C 和 D；而模块 B 的实现要调用模块 E 和 F；模块 D 的实现要调用模块 G；而模块 G 的实现又要调用模块 H 和 I。

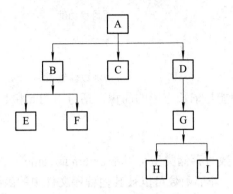

图 5.1　模块化程序设计

　　源程序中的函数从使用的角度来分，可以分为用户函数和系统函数。用户函数是程序设计人员在程序中定义的函数，系统函数是 C 语言系统定义好的函数，存放在 INCLUDE 文件夹中分类管理。如果从形式上来分，可以分成有参函数和无参函数。如果从作用的范围来分，可以分为内部函数和外部函数。如果从返回值的角度来分，可以分成有返回值函数和无返回值函数。

5.2　C 函数的定义及构成

　　函数和变量一样，遵循先定义后使用的原则，函数定义的一般格式为

　　　　[存储类型] [数据类型]　函数名([形式参数表])
　　　　{
　　　　　　声明语句;
　　　　　　执行语句;
　　　　}

　　说明: 通常把函数名和形参的说明部分称为函数头，用花括号括起来的部分称为函数体。下面举例说明函数的定义方法。

　　【例 5.1】 用户定义一个无参函数用来输出信息。

　　程序清单如下:

```
    void printstar( )                              //定义无参函数，称为函数头
    {                                              //函数体开始
        cout<<"****************"<<endl";            //函数执行语句
    }                                              //函数体结束
```

　　说明: 此函数是无参函数，它的功能是输出一行星号，执行完毕返回主调函数。
　　C 语言中函数的默认数据类型是 int 型，C++通常在定义时要指明函数类型。

　　【例 5.2】 编写一个有参函数求长方形的面积。

　　程序清单如下:

```
    float area(float a, float b)                   //定义函数 area, a, b 为形参
    {                                              //函数体开始
```

```
        float s;                        //函数功能
        s=a*b;
        return s;
    }                                   //函数体结束
```

说明：函数 area 的功能是求长方形的面积，括号中的 a 和 b 为形参，变量 s 将函数运行结果带回主调函数。

函数具有以下特征：

(1) 存储类型。定义函数时存储类型可以是 extern 或 static 两种。其中，选用关键字 extern 定义的函数叫作外部函数，外部函数可以被其他程序文件中的函数调用。选用关键字 static 定义的函数叫作内部函数；内部函数只允许本程序文件中的函数调用。函数存储类型可以省略，省略时，系统默认为外部函数。例 5.1 和例 5.2 均都默认为外部函数。

(2) 数据类型。函数的数据类型用来指明该函数返回值的类型，可以是整型、字符型、实型、指针型和其他构造类型。例 5.2 中函数的数据类型定义为 float 型，说明该函数返回一个单精度实数值。如果省略数据类型的定义，则系统默认为 int 型。如果不希望函数带回返回值，则用 void 进行定义(如例 5.1)。

(3) 函数名。函数名是一个标识符，它的命名规则同变量相同。C 语言规定在一个编译单位中函数不能重名，C++ 可以用同名函数进行函数重载。为了增加程序的可读性，一般取有助于记忆和理解函数功能的名字作函数名。例 5.2 中定义的函数功能是求长方形的面积，因此将此函数名定义为 area。

(4) 形式参数表。形式参数(简称形参)用于调用函数和被调用函数之间进行数据传递。因此，它也需要进行类型说明。形参表可以为空，表示为无参函数，如例 5.1 是一个无参函数。形参表也可以是由多个形参组成的，各形参之间用逗号隔开。形式参数可以为变量、数组和指针变量，也可以是结构体类型和共用体类型变量等。形参的说明形式如下：

数据类型　形式参数 1，数据类型　形式参数 2，…

例 5.2 中的函数是有参函数，形参分别是 a 和 b。

(5) 函数体。由 { }(花括号)括起来的部分称为函数体。函数体由说明语句和执行语句组成。其中，说明语句主要用于对函数内所使用的变量的类型以及所调用的函数的类型进行说明；执行语句是实现函数功能的核心部分，它由 C 语言的基本语句组成。

函数体可以为空，例如：

```
    float area(float a, float b)

    {  }
```

若调用此函数，不做任何工作，只是说明有一个函数存在，函数的具体内容可在以后补充，使用空函数可以使程序的结构清楚，可读性好，以便之后扩充新功能。

(6) 函数的返回值。要求有返回值的函数，使用关键字 return 将函数的返回值带回到主调函数。返回值可以是常量、变量或表达式，也可以是指针。return 语句的格式有两种，分别是：

```
    return 表达式;
    return (表达式);
```

例 5.2 中的 return s 语句也可写成 return(s)。

关于 return 语句说明如下：

① return 语句是函数的逻辑结尾，不一定是函数的最后一条语句，一个函数中允许出现多个 return 语句，但每次只能有一个 return 语句被执行。

② 如果不需要从被调函数带回返回值可以省略 return 语句，将函数类型定义为 void 型，也叫空类型，例如，例 5.1 中的函数没有返回值，此种类型的函数一般用来完成某种操作过程，多用于程序的数据输入和输出等。

③ 还可以用不带表达式的 return 作为函数的逻辑结尾，这时，return 的作用是将控制权交给调用函数，而不是返回一个值。也可以省略 return 语句。C/C++ 规定，当被调用函数执行完毕，其程序流程转向主调函数。

5.3 函 数 的 调 用

5.3.1 函数的调用格式及过程

使函数得以运行的过程称为函数的调用。函数调用的一般格式为

函数名(实参表);

函数的调用过程：

(1) 如果被调用的是有参函数，则 C 语言系统首先为函数的形式参数分配存储单元，将实参的值或地址计算后依次赋给对应的形参，在 C/C++ 中这种数据传递是单向的。

(2) 执行函数体，根据函数中的定义，系统为其中的变量分配存储单元并执行函数体中的可执行语句。当执行到"返回语句"时计算返回值返回主调函数继续运行程序，这时，系统将释放被调函数的形参和函数体中定义的变量(静态型变量不释放，直到程序结束)。如果是无返回值函数，则省略此操作，直接返回调用点。例 5.2 求长方形面积可以通过函数完成。

【例 5.3】 调用函数实现求长方形的面积。

程序清单如下：

```cpp
#include<iostream>
using namespace std;
float area(float a, float b)    //定义函数 area，返回值浮点型，形参为 a, b
{
    float s;
    s=a*b;
    return s;                   //变量 s 带回函数值，返回主调函数
}
void main()
{
    float length, width, s;
    cin>>length>>width;
```

```
        s=area(length, width);        //调用函数 area()，求长方形面积，实参为 length, width
        cout<<s<<endl;
    }
```

运行时输入：

10 20✓

运行结果为

200

说明：main( )函数中通过语句 s=area(length, width)调用了函数 area( )，将实参 length 和 width 的值传给形参 a 和 b，然后执行函数 area( )的函数体，并使用变量 s 将结果带回主调函数 main( )，其调用的过程如图 5.2 所示。

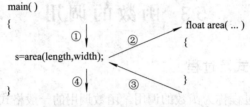

图 5.2 函数的调用形式

函数调用时要注意以下问题：

(1) 如果实参表中包含多个实参，则各实参用逗号隔开，实参与形参的个数应相等，且类型应一致。

【例 5.4】 调用函数，计算 3 个不同为 0 的整数之和。

程序清单如下：

```
#include<iostream>
using namespace std;
int sum(int x, int y, int z)            //定义函数 sum，形参为 x, y, z
{
    int m;
    m=x+y+z;
    return m;                           //变量 m 带回 sum 函数值，返回主调函数
}
void    main()
{
    int i, j, k, s;
    cout<<"input three integers:"<<endl;
    cin>>i>>j>>k;
    if(!(i==0&&j==0&&k==0))
    {
        s=sum(i, j, k);                 //调用函数 sum，实参为 i, j, k
        cout<<"sum="<<s<<endl;
```

```
    }
}
```

运行时输入：

```
10 20 30↙
```

运行结果为

```
sum=60
```

说明：程序中 main()函数调用了函数 sum( )，函数 sum( )的功能是求三个整数的和。主函数中 i, j, k 为实参，函数 sum()中 x, y, z 为形参；函数调用时将实参 i, j, k 对应传给形参 x, y, z, sum( )函数执行完毕，将通过 return 语句返回主函数调用语句 s=sum(i, j, k)处。主函数继续执行其后的语句，直到结束。

(2) 函数的调用也可以出现在表达式中。这时要求函数带回一个确定的值以参加表达式的运算。假如改写例 5.3 函数调用语句为

```
s=5*sum(i, j, k);
```

则表示函数 sum( )的返回值成为表达式的一部分参加运算。

(3) 对实参表求值的顺序并不是确定的，有的系统按从左到右顺序求实参的值，有的系统则按从右到左的顺序求实参的值(特别注意变量的自增/自减运算)。

【**例 5.5**】 观察程序运行结果。

程序清单如下：

```
#include<iostream>
using namespace std;
int f(int a, int b)
{
    if(a>b)
        return 1;
    else
        if(a==b)
            return 0;
        else
        return -1;
}


void    main()
{
    int i=2, p;
    p=f(i, ++i);                //实参是自右至左进行计算，传递的是 3, 3
    cout<<p<<endl;
}
```

运行结果为

```
0
```

如果按照从左到右的求值顺序，函数调用相当于 f(2, 3)，则返回值为 –1，若按从右到左的顺序，函数调用相当于 f(3, 3)，此时返回值为 0。这种情况下程序的通用性受到影响，因此应当避免类似情况。若使程序执行时从左到右求值，则可以使用中间变量完成操作。例如程序改写为

　　　　j=i++;　　　p=f(i, j);

　　(4) 应注意调用函数与被调用函数的相对位置。

　　一个程序文件中可能包含若干个函数，函数在其中所处的位置代表函数定义的顺序，同时也决定了它的作用域。C 编译系统规定一个函数的作用域是从定义的位置起，直到源文件的末尾。调用点位于被调用函数后则不需对被调用函数进行说明；而调用点位于被调用函数前时，则必须在调用前对被调函数进行声明后才能调用。声明时要说明被调用函数的返回值的类型、函数名、函数的形式参数表，其中，C 语言中可只说明类型名，而在 C++ 中形参都要在形参表中一一列举。函数声明的一般格式为

　　　　数据类型名　　被调用函数([形参表]);

　　【例 5.6】　求整数的阶乘。

　　分析： 求整数的阶乘可编写成一个通用程序。设函数 fac(x) 用于求整数 x 的阶乘；原始数据的输入、函数调用、输出计算结果均在主函数 main() 中完成；在执行程序的过程中，如果用户输入负数，则提示用户终止程序的运行。注意观察下面程序中声明函数与调用点的位置。

　　程序清单如下：

```
#include<iostream>
using namespace std;
long fac(int x);              //声明函数 fac( )，形参为 int 类型，函数作用域始于此处
void   main()
{
    int n;
    cout<<"input an integer: "<<endl;
    cin>>n;
    if(n<0)
        cout<<"data error"<<endl;
    else
        cout<<n<<"!="<<fac(n)<<endl;
}
long fac(int x)
{
    int i;
    long y=1;
    for(i=1; i<=x; i++)
        y=y*i;
    return y;
```

```
        }
```
运行时输入：
```
        5↙
```
运行结果为
```
        5!=120
```
运行时输入：
```
        -5↙
```
运行结果为
```
        data error
```

若被调用函数的函数值是整型，则可省略上述函数声明。需要说明的是，使用这种方法时，系统无法对参数的类型做检查。若调用参数使用不当，在编译时也不报错。因此，为了程序清晰和安全，建议对被调函数都进行声明。

说明：

① 函数声明一般出现在文件顶部，并且顺序集中完成。这样在各个主调函数中就不必对所调用的函数一一声明了。

② 声明语句中，函数形参可以只说明类型，省略变量名。

例如，下面是常用的程序格式：

```
#include<iostream>
using namespace std;
float f1(float, float);
char f2(char);
int f3(float);
void    main()
{…}
float f1(float a, float b)
{…}
char f2(char c)
{…}
int f3(float d)
{…}
```

(5) 函数可以嵌套调用，即在调用一个函数的过程中可以再调用另一个函数。C 语言不允许嵌套定义，但可以嵌套调用。

【例 5.7】 通过函数嵌套调用输出信息：

```
********************
  Welcome  to  C++!
********************
#include<iostream>
using namespace std;
void    star();                    //函数声明
```

```
    void message();              //函数声明
    void   main()
    {
        star( );                 //调用用户函数 star
        message( );              //调用用户函数 message
    }
    void   star()                //用户函数，函数头
    {
        cout<<"*******************"<<endl;
    }
    void message()               //用户函数，函数头
    {
        cout<<"Welcome   to   C++!"<<endl;
        star( );                 //在函数执行过程中调用 star 函数
    }
```

说明：在程序中定义了两个输出函数：message()、star()，main()函数调用了 message() 函数，而函数 message()又调用了 star()函数，构成了函数间的嵌套调用程序结构。调用过程如图 5.3 所示。

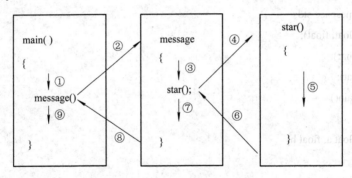

图 5.3　函数的嵌套调用形式

5.3.2　C++ 中函数形参默认值

在 C++ 中，函数在定义时可以预先定义一个默认的形参值。在函数调用时，如果给出实参，则用实参初始化形参；如果没有给出实参，就用预先给定的默认值。

【例 5.8】 带默认形参值的函数的声明与定义。

程序清单如下：

```
    #include<iostream>
    using namespace std;
    int add(int a=5, int b=9)          //形参 a 与 b 的默认值分别为 5 和 9
    {
        return a+b;//两数相加
```

```
    }
    void main()
    {
        add(15, 20);            //传递实参给形参初始化
        add(15);                //形参 a 为 15，b 为默认值 9，返回值为 24
        add();                  // a、b 都为默认值，返回值为 14
        …
    }
```

注意：

(1) 如果定义某个形式参数带有默认参数值，则必须定义所有后续形式参数也带有默认认值，即在有默认值参数的右面，不能出现无默认值的形参。例如：

```
    void showMessage(char ch，int Length=-1，int color);
```

此函数定义为错，应定义为

```
    void showMessage(char ch，int Length=-1，int color=0);
```

(2) 调用函数时若省略带有默认值的参数，则必须省略该参数的所有后续参数。

(3) 如果是先声明后定义函数，则在声明时给出默认值，再定义时就不能给出默认值，否则出错。

5.4 C++中的函数重载

在 C 语言中，函数名不能相同，如果相同，编译会出错。但在 C++中，提供了对重载的支持。所谓重载，就是在程序中相同的函数名对应不同的函数实现。函数重载允许程序内出现多个名称相同的函数，这些函数可以完成不同的功能，并且带有不同的类型、不同的形参个数及不同的返回值。使用函数重载，就可以把功能相似的函数名命名为一个相同的标识符，使程序结构简单、易懂。

【例 5.9】 求三个数当中最大数(共考虑三种数据类型，分别是整型、双精度型和长整型)。

分析：设计三个函数，函数名为 max，其参数类型不同。

程序清单如下：

```
    #include<iostream>
    using namespace std;
    int max(int a, int b, int c);                //函数声明
    double max(double a, double b, double c);    //函数声明
    long max(long a, long b, long c);            //函数声明
    int main( )
    {   int i1, i2, i3, i;
        cin>>i1>>i2>>i3;                         //输入三个整数
        i=max(i1, i2, i3);                       //求三个整数中的最大者
```

```
            cout<<"i_max="<<i<<endl;
            double d1, d2, d3, d;
            cin>>d1>>d2>>d3;                      //输入三个双精度数
            d=max(d1, d2, d3);                    //求三个双精度数中的最大者
            cout<<"d_max="<<d<<endl;
            long g1, g2, g3, g;
            cin>>g1>>g2>>g3;                      //输入三个长整数
            g=max(g1, g2, g3);                    //求三个长整数中的最大者
            cout<<"g_max="<<g<<endl;
            return 0 ;
        }
        int max(int a, int b, int c)             //定义求三个整数中的最大者的函数
        {
            if(b>a)
                a=b;
            if(c>a)
                a=c;
            return a;
        }
        double max(double a, double b, double c)   //定义求三个双精度数中的最大者的函数
        {
            if(b>a)
                a=b;
            if(c>a)
                a=c;
            return a;
        }
        long max(long a, long b, long c)         //定义求三个长整数中的最大者的函数
        {
            if(b>a)
                a=b;
            if(c>a)
                a=c;
            return a;
        }
```

　　函数的重载要求编译器能够唯一地确定应该调用的函数，即应该采用哪一个函数来实现。为了不造成混乱，则要求重载函数的参数个数、参数的类型或形参的排列顺序不同。也就是说，函数重载时，函数名可以相同，但函数形参的个数、类型或排列顺序不能相同。

5.5　函数间的数据传递

函数间的数据传递是指主调函数向被调函数传送数据及被调函数向主调函数返回数据。在 C/C++ 中，函数间的数据传递可以通过参数、返回值和全局变量来实现。其中通过参数传递数据的方式主要有值传递方式和地址传递方式，也称为传值方式和传址方式。

5.5.1　值传递方式

值传递方式所传递的是参数值。调用函数时，将实参的值计算出来传递给对应的形参，如例 5.3 中长方形的长和宽传递给形参。

在 C 语言中，实参对形参的值传递是单向传递，即只能将实参的值传给形参，而不能将形参的值传给实参。这是由于在内存中实参和形参使用的是不同的存储单元，因此，在执行一个被调函数时，形参的值如果发生变化，并不会改变主调函数的实参值。

【例 5.10】　观察下面的程序，能否通过函数调用改变实参的值。

程序清单如下：

```cpp
#include<iostream>
using namespace std;
void opposition(int a);
void main()
{
    int score;
    cin>>score;
    opposition(score);              //调用函数，传递 score 的值
    cout<<"score="<<score<<endl;
}
void    opposition(int a)
{
    a=-a;
    cout<<"a="<<a<<endl;
}
```

运行程序时输入：

2✓

运行结果为

a=-2

score=2

说明：

(1) 主函数调用 opposition()函数时，　score 将作为实参传给形参，形参 a 得到了 score

的值。

(2) 由于主函数中的实参 score 与函数 opposition()中的形参 a 占用不同的内存单元。实参 score 和形参 a 的关系如图 5.4 所示。

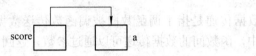

图 5.4　值传递数据方式

数组元素也可以作函数的参数，数组元素与普通变量并无区别。因此它作为函数实参使用时与普通变量完全相同，在发生函数调用时，把作为实参的数组元素的值传送给形参，实现单向的值传递。

【例 5.11】　设一维数组存放了 10 个学生的成绩，统计出不及格的人数。

分析：主函数 10 次调用函数，将 10 个学生的成绩分别传给形参 score，函数执行过程判断是否及格，若不及格返回值为 1，否则返回值为 0，返回主程序进行计数，从而统计出不及格学生的人数。

程序清单如下：

```cpp
#include<iostream>
using namespace std;
int flag(float score);
void   main()
{
    float score[10];
    int i, num=0;
    cout<<"input 10 scores:"<<endl;
    for(i=0; i<10; i++)
    {
        cin>>score[i];
        num+=flag(score[i]);            //调用函数，传递 score 元素的值
    }
    cout<<"the number of not passed is"<<num<<endl;
}


int flag(float score)
{
    if(score<60)
      return 1;
    else
      return 0;
}
```

运行时输入：

    90 85 50 45 70 76 92 69 83 89✓

运行结果为

    the number of not passed is 2

5.5.2 地址传递方式

地址传递方式也是在实际参数和形式参数之间传递数据的一种方式，同样为单向值传递。

采用地址传递方式，实参只能是变量的地址、数组元素的地址和数组名(也可以用指针变量，见第 6 章)，下面介绍数组名作为函数参数传递数据。

数组的名称代表了数组的起始地址，数组的首地址作为实参传递给被调函数，形参并不真正建立一个与实参元素个数相同的数组，形参数组只是一个形式，系统并不对其分配存储单元，只接收一个实参传递的地址。

形参数组和实参数组共用同一个地址空间(形参数组长度可省略)，可以通过函数中形参数组对实参数组中的元素进行数据处理操作。若改变了形参的值，实参也随之变化，间接实现了双向传递。函数调用的一般格式为

    函数名(数组名);

被调函数的格式为

    [存储类型] 数据类型 函数名(数据类型 数组名[数组的长度])

【例 5.12】 数组 a 中存放了一个学生 5 门课程的成绩，调用函数求平均成绩。

程序清单如下：

```cpp
#include<iostream>
using namespace std;
float average(float array[5 ]);
void    main()
{
    float score[5], av;
    int i;
    cout<<"input 5 scores:"<<endl;
    for(i=0; i<5; i++)
    cin>>score[i];
    av=average(score);                //调用函数，传递 score 数组的首地址
    cout<<"average score is "<<av<<endl;
}
float average(float array[5])         //函数形参数组类型说明，数组长度说明
{
    int i;
    float av, sum=0;
    for(i=0; i<5; i++)
```

```
                sum=sum+array[i];
                av=sum/5;
            return av;                       // av 带回返回值
        }
```

运行时输入：

```
        65 84 72 90 87↙
```

运行结果为

```
        average score is 79.60
```

说明：

(1) 应该在主调函数和被调函数分别定义数组，本例中，主函数定义的数组为 score，函数形参数组名为 array。

(2) 实参数组和形参数组的类型应该一致，本例中均为 float 型。

(3) 实参数组和形参数组大小可以相同也可以不同，C 语言编译系统对形参数组大小不做检查，只是将实参数组的首地址传给形参数组。

(4) 用数组名作函数的实际参数，在例 5.12 中，实参数组 score 在调用时将地址传递给形参数组 array，如图 5.5 所示。在函数中若改变了 array 数组中元素的值，实参数组 score 也要同时发生变化。

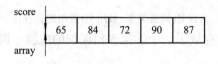

图 5.5　地址传递数据方式

(5) 形参数组也可以不指定大小，在定义数组时在数组名后跟一个空的方括号，然后另设一个参数传递实参数组的大小，这时形参数组可以随实参数组动态变化，例 5.12 也可改为例 5.13 的形式。

【例 5.13】　形参数组不指定大小，将数组的长度作为实参传递。

程序清单如下：

```
        #include<iostream>
        using namespace std;
        float average(float array[ ], int n);//
        void    main()
        {
            float score1[5]={84, 72, 90, 87, 65};
            float score2[10]={72, 68, 93, 55, 89, 75, 62, 88, 95, 70};
            cout<<"average score1 is: "<<average(score1, 5)<<endl;      // 5 是数组的长度
            cout<<"average score2 is: "<<average(score2, 10)<<endl;
        }
        float average(float array[ ], int n)        //形参数组不说明长度，使用 n 接收数组长度值
```

```
        {
            int i;
            float av, sum=0;
            for(i=0; i<n; i++)
            sum=sum+array[i];
            av=sum/n;
            return av;
        }
```

运行结果：

```
        average score1 is: 79.6
        average score1 is: 76.7
```

由于在调用函数 average()过程中，实参指定了数组的大小，使得函数更具有通用性。

5.5.3　返回值方式

返回值方式与参数无关，它是通过定义有返回值的函数，在调用函数后直接返回一个数据到主调函数中。利用返回值的方式传递数据，需要注意下列几点：

(1) 使用返回方式传递数据，所传递的数据可以是整型、实型、字符型及结构体类型等，但不能传回整个数组。

(2) 当被调函数的数据类型与函数中 return 后面表达式的类型不一致时，表达式的值将被自动转换成函数的类型后传递给调用函数。

【例 5.14】　调用函数，求两数之差。

程序清单如下：

```
        #include<iostream>
        using namespace std;
        int sub( float x, float y);
        void main()
        {
            int n;
            float a, b;
            cin>>a>>b;
            n=sub(a, b);
            cout<< " n= "<<n<<endl;
        }
        int sub( float x, float y)
        {
            float z;
            z=x-y;
            return z;                    //变量 z 带回返回值
        }
```

运行时输入：

　　90 87.3↙

运行结果为

　　n=2

sub 函数的类型是 int 类型，而返回值 z 是 float 型，z 经过计算后为 2.7，由于返回时与函数定义类型不符，z 的值会被强行转换成 int 型返回。

5.5.4　全局变量传递方式

在程序执行的全程有效的变量称为全局变量，全局变量分为外部全局变量和静态全局变量。外部全局变量的作用域是从定义处开始到整个程序结束。静态全局变量的作用域是从定义处开始到本文件结束。因此它们都可被任何一个函数使用，并在整个程序的运行中一直占用存储单元。由于全局变量具备这一特点，可以利用它在函数间传递数据，使得通过函数得到多个数据。

【例 5.15】　输入长方体的长宽高 1、w、h，求体积及三个面 x*y、x*z、y*z 的面积。

分析：在程序开始处，定义三个外部全局变量 s1, s2, s3，用来存放三个长方形的面积。函数 vs 的功能是求长方体的体积和三个长方形的面积，函数的返回值为体积 v。由主函数完成长、宽、高的输入及结果输出。

程序清单如下：

```cpp
#include<iostream>
using namespace std;
int s1, s2, s3;                          //全局变量，main()和vs()共享
int vs( int a, int b, int c)
{
    int v;
    v=a*b*c;
    s1=a*b;
    s2=b*c;
    s3=a*c;
    return v;
}
void   main()
{
    int v, l, w, h;
    cout<<"input length, width and height:"<<endl;
    cin>>l>>w>>h;
    v=vs(l, w, h);
    cout<<"v= "<<v<<"    "<<"s1="<<s1<<"    "<<"s2="<<s2<<"    "<<"s3= "<<s3<<endl;
}
```

运行时输入：

　　2 3 4↙

运行结果为

　　v=24 s1=6 s2=12 s3=8

说明：

(1) 设置全局变量增加了函数间数据联系的渠道，C 语言规定函数返回值只有一个，程序中使用全局变量从函数中得到了多个数据。在本例中，main()函数从 vs()函数中得到 v、s1、s2、s3 四个数据。

(2) 需要指出，利用全局变量实现函数间的数据传递，削弱了函数的内聚性，从而降低了程序的可靠性和通用性。因此，在程序设计中不提倡利用全局变量实现函数间的数据传递。

(3) 全局变量在程序执行的全部过程中都占用存储单元，建议不必要时不要使用全局变量。

(4) 在使用全局变量传递数据时应注意全局变量与局部变量同名时的情况。C 语言规定：如果在一个程序中全局变量和局部变量同名，在局部范围内局部变量优先，也就说作用域小的优先。

【例 5.16】 观察全局变量与内部变量同名时的情况。

程序清单如下：

```
#include<iostream>
using namespace std;
int a=3, b=5;              // a, b 为全局变量, a, b 的作用范围为定义处到程序结束
int max(int a, int b)      //形参 a, b 为局部变量
{
    int c;
    c=a>b?a:b;
    return c;
}
void main()
{
    int a=8;               //局部变量 a 的作用域，实参 b 使用了全局变量
    cout<<max(a, b)<<endl;
}
```

(5) 在第 2.3.2 变量的存储类型及其定义一节中，我们提到了静态局部变量。静态局部变量利用了静态存储区的特性，使得静态局部变量在函数多次调用过程中，保留其变化的中间数据，直到程序结束。

【例 5.17】 静态局部变量的使用。

程序清单如下：

```
#include<iostream>
using namespace std;
```

```
        void f();
        void    main()
        {
            f();
            f();
            f();
        }
        void f()
        {
            static int a=1;          //变量 a 是静态局部变量，在此函数中有效
            auto int b=0;            //变量 b 是动态变量，在此函数中有效
            a=a+1;
            b=b+1;
            cout<<"a="<<a<<", "<<"b="<<b<<endl;
        }
```

运行结果为

        a=2, b=1
        a=3, b=1
        a=4, b=1

程序执行过程如表 5.1 所示。

表 5.1　静态变量 a 的变化情况

第几次调用	调用时初值		调用结束时的值	
	a	b	a	b
第一次	1	0	2	1
第二次	2	0	3	1
第三次	3	0	4	1

说明：

(1) a 是静态局部变量，存储在静态存储区，在整个程序运行中一直占有内存单元，初始化语句只执行一次，调用结束后，a 的内存单元不释放；

(2) b 是自动变量，存储在动态存储区，每当函数调用时才可以分配到内存单元，执行赋值语句 b=0，调用结束后 b 的内存单元被释放。

5.5.5　C++ 中访问全局变量

当局部变量与全局变量同名时，局部变量掩盖全局变量。但在需要操作与局部变量同名的全局变量时，就可以用作用域操作符 "::" 来访问全局变量，格式是在全局变量名前加上作用域操作符。

【例 5.18】　作用域操作符的使用。

程序清单如下：

```
#include<iostream>
using namespace std;
double A;                    //全局变量 A
void main()
{
    int A;                   //局部变量 A
    A=5;                     //为局部变量 A 赋值
    ::A=2.5;                 //为全局变量 A 赋值
    cout<<A<<endl;           //输出局部变量的值 5
    cout<<::A<<endl;         //输出全局变量的值 2.5
}
```

运行结果：

5

2.5

5.6　递归调用与递归函数

C 语言允许函数进行递归调用，即在调用一个函数的过程中，又出现直接或间接地调用该函数本身。前者称为直接递归，后者称为间接递归。递归调用的函数称为递归函数。由于递归非常符合人们的思维习惯，而且许多数学函数、算法或数据结构都是递归定义的，因此递归调用颇具实用价值。

5.6.1　递归函数的特点

递归函数常用于解决那些需要分多次求解，并且每次求解过程基本类似的问题。递归函数内部对自身的每一次调用都会导致一个与原问题相似而范围要小的新问题。构造递归函数的关键在于寻找递归算法和终结条件。一般来说，只要对循环操作问题的每一次求解过程进行分析归纳，就可以找出问题的共性，获得递归算法。终结条件是为了终结函数的递归调用而设置的一个标记。递归调用不应也不能无限制地执行下去，所以必须设置一个条件来检验是否需要停止递归函数的调用。终止条件的设置可以通过分析问题的最后一步求解而得到。

【例 5.19】　用递归函数求 n!。

分析：在此前介绍过求阶乘的算法，现在我们可以用递归函数来解决。由于有

$$n! = \begin{cases} 1, & n = 0,\ 1 \\ n*(n-1)!, & n > 1 \end{cases}$$

因此求 n! 就变成了求(n−1)!，而求(n−1)!必须要求出(n−2)!，以此类推，直到最后求出 1!。这种规律符合前面所介绍的递归函数的特点，因此程序中可以将函数 fac()构造成一个递归函数。

程序清单如下：

```
#include<iostream>
using namespace std;
long fac(int n);
void   main()
{
    int n;
    cout<<"input an integer: "<<endl;
    cin>>n;
    cout<<n<<"!="<<fac(n)<<endl;          //调用递归函数
}
long fac(int n)
{
    long f;
    if(n==0||n==1)                        //递归结束条件
        f=1;
    else
        f=n*fac(n-1);                     //递归调用时参数逐步变小，直到结束
    return f;
}
```

运行时输入：

3✓

运行结果为

3!=6

主函数调用 fac()函数后即进入 fac()函数的执行，如果 n = 0 或 n = 1，则执行语句 f=1;否则就调用 fac()函数本身，在此过程中，函数参数逐次变小，直到 n = 1。

说明：

(1) 第 1 次调用是主函数完成的，调用语句为 cout<<n<<"!="<<fac(n)<<endl;   ，调用 fac 函数，由于不满足 n = 0 或 n = 1 的递归结束条件，因此执行语句 f = n*fac(n - 1)语句，即 f = 3*fac(2)，语句中出现 fac(2)，即要执行第 2 次调用 fac()函数。

(2) 第 2 次调用是 fac()本身完成的，故为递归调用，形参 n 接收实参的值 2，由于不满足 n=0 或 n=1，因此执行语句 f=n*fac(n-1)，即执行 f=2*fac(1)，要第 3 次调用 fac()函数。

(3) 第 3 次调用同样是递归调用，形参 n 接收实参的值 1，这时满足 n=1，则执行语句 f=1，然后通过语句 return f 返回。至此，递归调用结束，进入递归返回阶段。

(4) 返回上一层调用，计算该返回值为 2*fac(1)=2*1=2。

(5) 返回上一层调用，计算返回值为 3*fac(2)=3*2=6。

(6) f 带函数值返回主函数。

整个递归调用和返回的过程如图 5.6 所示。

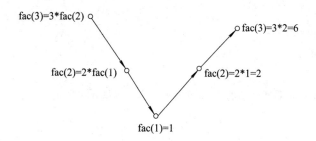

图 5.6　递归执行过程示意图

5.6.2　递归函数的设计

从例 5.19 设计的递归函数不难看出，使用递归调用算法设计函数有一定的规律。下面介绍递归问题的一般描述和对应的递归函数的一般结构。

递归问题的一般描述：

(1) 递归结束的条件：f(k) = 常量。

(2) 递归计算公式：f(n) = 含有 f(n–1)的表达式。

函数递归的一般结构：

```
数据类型　f(数据类型 n)
{
    if(n==k)   return(常量);
    else return(f(n-1)的表达式);
}
```

一般情况下，递归问题总是和自然数联系在一起，即递归问题中的参数一般是自然数。

分析：在第 3 章和第 4 章介绍过如何求 fibonacci 数列，其公式为

$$f(n) = \begin{cases} 1, & n = 1 \\ 1, & n = 2 \\ f(n-1) + f(n-2), & n > 2 \end{cases}$$

由此可知，分段函数中，前两项 n=1 和 n=2 是递归结束的条件，最后一项是递归计算公式。按照前面给出的递归函数的一般结构，可以设计出对应的递归函数。

```cpp
#include<iostream>
using namespace std;
int fib(int i);
void    main()
{
    int i;
    cout<<"Input the item of fibonacci:"<<endl;
    cin>>i;
    cout<<"fib("<<i<<")= "<<fib(i)<<endl; //调用函数
}
int fib(int i)
```

```
    {
        if(i==1 || i==2)
            return 1;
        else
            return fib(i-1)+fib(i-2);     // 2 次递归调用，参数逐渐变小
    }
```
运行时输入：
```
    10✓
```
运行结果为
```
    fib(10)=55
```

5.7　内部函数和外部函数

在 C 语言中，函数可分为内部函数和外部函数。它们以是否可以允许其他程序文件调用来区分。如果能被一个源程序内所有源文件中定义的函数调用，则称这种函数为外部函数，外部函数在整个源程序中都有效。如果在一个源文件中定义的函数只能被本文件中的函数调用，而不能被其他文件中的函数调用，这种函数称为内部函数。

5.7.1　内部函数

使用关键字 static 定义内部函数，其一般定义格式为
```
    static  数据类型  函数名(形参表);
```
例如：
```
    static int f(int a, int b);
```
内部函数也称为静态函数。由于内部函数的调用范围只局限于本文件，因此在不同的源文件中定义同名的内部函数不会引起混淆。这样不同的人可以分别编写不同的函数，而不用担心所用函数是否会与其他文件中的函数同名。

5.7.2　外部函数

外部函数是指允许其他文件调用的函数，使用关键字 extern 定义外部函数，其一般定义格式为
```
    extern  数据类型  函数名(形参表);
```
例如：
```
    extern int f(int a, int b);
```
如果在函数定义中没有说明 extern 或 static，则系统默认为外部函数。在一个源文件的函数中调用其他源文件中定义的外部函数时，应用 extern 说明被调函数为外部函数。
例如：
```
    file1.c (源文件 1)
    void    main()
```

```
{    ⋮
     extern int f1(int i);              //外部函数说明，表示函数 f1 在其他源文件中
     ⋮
}
file2.c (源文件 2)
extern int f1(int i);                  //外部函数定义
{
     ⋮
}
```

　　另外，如果有一文件使用了另一文件定义的全局变量，在此文件中也要使用 extern 关键字进行说明，例如在 file1.cpp 中定义：int num;，在 file2.cpp 文件中使用，则要在使用前加上：extern int num;说明该变量是其他文件中定义的全局变量，file2.cpp 中称该变量为外部变量。见第 2 章 2.3.2 节。

5.8　函数应用程序举例

【例 5.20】　编写一个函数，求一个整数的所有正因子。

程序清单如下：

```
#include<iostream>
using namespace std;
void gene(int n);
void   main()
{
    int n;
    cout<<"Input integer n : "<<endl;
    cin>>n;
    if(n<=0)
        cout<<"must be positive !"<<endl;
    else
        gene(n);
}
void gene(int n)
{
    int d;
    for(d=1; d<=n; d++)
        if(n%d==0)                  //判断正因子的条件是 n%d==0
    cout<<d<<endl;
}
```

运行时输入：

51✓

运行结果为

1

3

17

51

【例 5.21】 编写一个函数，求一个字符串中英文单词的个数。单词之间可用空格符、换行符或跳格符隔开。

程序清单如下：

```cpp
#include<iostream>
using namespace std;
int wordnum(char str[])
{
    int i, num;
    char ch;
    for(i=0; (ch=str[i]) != '\0'; i++)          //在字符串内，逐个字符检测
    if(ch==' ' || ch=='\n' || ch=='\t')         //单词结果条件的描述
        num++;                                   //出现单词计数器自增 1
    return num;
}
void    main()
{
    char string[81];
    cout<<"Input a string: "<<endl;
    gets(string);
    cout<<"There are "<< wordnum(string)<< " words in the string."<<endl;
}
```

运行时输入：

I am a teacher✓

运行结果为

There are 4 words in the string.

【例 5.22】 编写一个函数，用选择法将一维数组排序(数组长度为 10，元素由小到大排序)。

分析：每比较一轮，找出一个未经排序的数中的最小值，因此共需 9 轮排序。下面以 5 个数为例说明选择法排序的步骤。

a[0]	a[1]	a[2]	a[3]	a[4]	
5	2	9	6	4	未排序时数据状态
[2]	5	9	6	4	将 5 个数的最小值与 a[0]交换后状态

[2	4]	9	6	5	将余下的 4 个数的最小值与 a[1]交换后状态
[2	4	5]	6	9	将余下的 3 个数的最小值与 a[2]交换后状态
[2	4	5	6]	9	将余下的 2 个数的最小值与 a[3]交换后，排序完成

程序清单如下：

```
#include<iostream>
using namespace std;
void sort(int array[], int n)
{
    int i, j, k, temp;
    for(i=0; i<n-1; i++)
    {
        k=i;
        for(j=i+1; j<n; j++)
            if(array[j]<array[k])
              k=j;                          //记录下较小数位置
                temp=array[k];
            array[k]=array[i];
            array[i]=temp;                  //本次比较中最后的数和记录下位置的数对调
    }
}
void   main()
{
    int a[10], i;
    cout<<"input the data: "<<endl;
    for(i=0; i<10; i++)
        cin>>a[i];
        sort(a, 10);
        cout<<"the sorted array:"<<endl;
    for(i=0; i<10; i++)
        cout<<a[i]<< "     ";
}
```

运行时输入：

5 2 9 6 4 1 10 8 3 7↙

运行结果为

the sorted array:

1 2 3 4 5 6 7 8 9 10

【例 5.23】 将一个整数(例如：输入 54321)倒序输出(数字之间用星号隔开，使得观察清晰)。

程序清单如下：

```
#include<iostream>
using namespace std;
void   reverse ( int n );
void   main()
{
    int   k ;
    cout<<"Input a integer number(>0):"<<endl;
    cin>>k;
    reverse(k);
}
void   reverse ( int n )
{
    cout<<"*"<< n % 10;              //输出最右一位
    if(n/10 != 0 )
        reverse(n/10);              //求余下数据递归调用
}
```

运行时输入：

　　54321↙

运行结果为

　　*1*2*3*4*5*

【例 5.24】　编写一个程序，从键盘分别读入一个学生的 5 科考试成绩，要求输出该学生的总成绩、平均成绩、最高成绩和最低成绩。

分析：分别设计 4 个函数用来求总成绩、平均成绩、最高成绩和最低成绩，在主函数中输入学生的 5 科成绩，然后依次调用对应的函数，输出结果。

程序清单如下：

```
#include<iostream>
using namespace std;
float total (float a[], int n);              //函数声明
float average(float a[], int n);
float highest(float a[], int n);
float lowest(float a[], int n);
void   main()
{
    float score[5];
    int i;
    cout<<"input scores of the subject1 to subject5:"<<endl;
    for(i=0; i<5; i++)
        cin>>score[i];
```

```
            cout<<"total="<<total (score, 5)<<endl;
            cout<<"average= "<<average(score, 5)<<endl;
            cout<<"highest="<<highest(score, 5)<<endl;
            cout<<"lowest= "<<lowest(score, 5)<<endl;
        }
        float total(float s[], int n)              //求总成绩
        {
            int i;
            float sum=0;
            for(i=0; i<n; i++)
                sum+=s[i];
            return sum;
        }
        float average(float s[], int n)            //求平均成绩
        {
            return(total(s, 5)/n);
        }
        float highest(float s[], int n)            //求最高成绩
        {
            int i;
            float max=s[0];
            for(i=1; i<n; i++)
                if(s[i]>max) max=s[i];
            return max;
        }
        float lowest(float s[], int n)             //求最低成绩
        {
            int i;
            float min=s[0];
            for(i=1; i<n; i++)
                if(s[i]<min) min=s[i];
                    return min;
        }
```

运行时输入：

　　75 80 85 90 95✓

运行结果为

　　total=425.00

　　average=85.00

　　highest=95.00

lowest=75.00

习 题 5

一、单项选择题

1. 以下说法中正确的是( )。
   A. C 语言程序总是从第一个定义的函数开始执行
   B. 在 C 语言程序中，要调用的函数必须在 main( )函数中定义
   C. C 语言程序总是从 main( )函数开始执行
   D. C 语言程序中的 main()函数必须放在程序的开始部分

2. 下列关于 C 语言函数定义的叙述中，正确的是( )。
   A. 函数可以嵌套定义，但不可以嵌套调用
   B. 函数不可以嵌套定义，但可以嵌套调用
   C. 函数不可以嵌套定义，也不可以嵌套调用
   D. 函数可以嵌套定义，也可以嵌套调用

3. 若函数为 int 型，变量 z 为 float 型，该函数体内有语句 return(z);，则该函数返回的值是( )。
   A. int 型   B. float 型   C. static 型   D. extern 型

4. 在函数调用时，如果实参是简单变量名，它与对应形参之间的数据传递方式是( )。
   A. 地址传递   B. 单向值传递
   C. 由实参传给形参，再由形参传给实参   D. 传递方式由用户指定

5. 以下 C 语言程序的正确输出结果是( )。

```
fun(int p)
{
    int d=2;
    p=d++;
    printf("%d", p);
}
void main()
{
    int a=1;
    fun(a);
    printf("%d", a);
}
```

   A. 32   B. 12   C. 21   D. 22

6. C/C++ 程序中函数的返回值的类型是由( )决定的。
   A. return 语句中的表达式类型   B. 实参数据类型

C. 定义函数时所指明的返回值类型　　　　D. 被调函数形参的类型

7. 有函数定义如下：

　　fun(int a) {…}

并有数据定义语句 float b=123.90; char a;，则以下不合法的函数调用语句是(　　)。

　　A. fun(1)　　　　　　B. fun(a)　　　　　　C. fun((int)b)　　　　D. fun(a, b)

8. 有函数定义 int fun(int a, int b) {…}，则以下对 fun( )函数原型说明正确的是(　　)。

　　A. void fun(int a, int b)　　　　　　　B. int fun(int , int)

　　C. int fun(int x, float y)　　　　　　　D. float fun(int, float)

二、填空题

1. C 语言程序由 main( )函数开始执行，应在＿＿＿＿＿＿ 函数中结束。

2. 函数调用时，若形参、实参均为数组，则其传递方式是＿＿＿＿＿。

3. 函数调用语句"fun(2*3, (4, 5))"的实参数目是＿＿＿＿＿。

4. 当函数调用结束时，该函数中定义的＿＿＿＿＿＿变量占用的内存不收回，其存储类型的关键字为 static。

5. 函数形参的作用域是＿＿＿＿＿＿，当函数调用结束时，系统收回变量占用的内存。

6. 函数中定义的静态局部变量可以赋初值，当函数多次调用时，赋值语句只执行＿＿＿次。

7. 在 C++ 程序中允许函数同名，称为函数重载，但形参必须＿＿＿＿＿＿。

8. 递归函数调用使问题范围变＿＿＿，构造递归函数的关键在于寻找递归算法和终结条件。

三、阅读程序题

分析程序，叙述程序功能并写出运行结果。

1. 以下程序运行后，输出结果是＿＿＿＿＿。

```
#include<iostream>
using namespace std;
int func(int a, int b)    //定义 func 函数
{
    return(a+b);
}
void   main()
{
    int x=2, y=5, z=8, r ;
    r=func(func(x, y), z);
    cout<<r<<endl;
}
```

2. 程序运行时输入：−101　59　　78　45　67　−90　　0　−34　57　99，输出结果是＿＿＿＿＿。

```
#include<iostream>
```

```
using namespace std;
int fun1(int c[]);
int fun2(int b[]);
void   main()
{
    int a[10], i;
    for (i=0; i<10; i++)   cin>>a[i];
    cout<<"MAX= "<<fun2(a)<<endl;          //调用 fun2 函数，返回值输出
}
int fun1(int c[])                          //定义 fun1 函数
{
    int max, i;
    max=c[0];
    for(i=1; i<10; i++)
    if(max<c[i])    max=c[i];
        return max;
}

int fun2(int b[])         //定义 fun2 函数
{
    int max;
    max=fun1(b);          //调用 fun1 函数
    return max;
}
```

3. 以下程序运行后，输出结果是＿＿＿＿＿＿＿＿。

```
#include<iostream>
using namespace std;
int a=5;
fun(int b)
{
    int a=10;
    a+=b++;
    cout<<a<<endl;
}
void   main()
{
    int c=20;
    fun(c);
    a+=c++;
```

```
    cout<<a<<endl;
}
```

4．以下程序运行后，输出结果是＿＿＿＿＿＿＿＿＿＿＿。

```
#include<iostream>
using namespace std;
func(int a, int b)
{
    static int m=0，i=2;
    i+=m+1;
    m=i+a+b;
    return(m);
}
void   main()
{
    int k=4, m=1, p;
    p=func(k, m);
    cout<<p<<endl;
    p=func(k, m);
    cout<<p<<endl;
}
```

5．以下程序运行后，输出结果是＿＿＿＿＿＿＿＿＿＿＿。

```
#include<iostream>
using namespace std;
fun(int x)
{
    if(x/2>0)
        fun(x/2);
    cout<<x;
}
void   main()
{
    fun(6);
}
```

四、程序填空题

要求：将函数补充完整后，设计主函数进行调试。

1．以下函数的功能是：通过键盘输入数据，为数组中的所有元素赋值。

```
#define N 10
void arrin(int x[N])
```

```
{
    int i=0;
    while(i<N)
        cin>>_____;
}
```

2. 以下函数的功能是：求 x^y(y>0 且为整数)，请填空。

```
double fun(double x, int y)
{
    int i;
    double z;
    for(i=1, z=x; i<y; i++)
    z=z*_____;
    return z;
}
```

3. 下面的 invert 函数的功能是将一个字符串 str 的内容颠倒过来，请填空。

```
void invert(char str[])
{
    int i, j,_____;
    for(i=0, j=_____; i<j; i++, j--)
    {
        k=str[i];
        str[i]=str[j];
        str[j]=k;
    }
}
```

4. 以下程序是计算 $s = 1 - 1/2 + 1/4 - 1/6 + 1/8 - \cdots + 1/n$ 的和，请填空。

```
double fun(int n)
{
    double s=1.0, fac=1.0;int i;
    for(i=2; i<=n; i+=2)
    {
        fac=-fac;
        s=s+_____;
    }
    return s;
}
```

5. 以下 compare 函数的功能是两个字符串 a 和 b 的下标相等的两个元素比较，即 a[i]
与 b[i]相比较，如果 a[i]==b[i]，则继续下一个元素，即 i++ 后再比较，如果出现 a[i]!=b[i]，
则返回 a[i]-b[i](ASCII)的值。请填空。

```
int compare(char a[], char b[])
{
    int i;
    for(i=0;a[i]!= '\0' &&b[i]!= '\0'&&_____; i++);    //循环体内没有语句
    return(a[i]-b[i]);
}
```

五、编程题

1. 编写函数，其功能是求三个整数的最大和最小值。

2. 编写函数，已知三角形的三个边长，求三角形的面积。

3. 编写函数，求出字符串中 ASCII 码最大的字符。字符串在主函数中读入(使用 gets 函数)。

4. 编写函数,将一维数组(array[10])的元素从大到小排序,在主函数中读入数组的元素。

5. 编写函数，判断年是否为闰年，若是则返回 1，否则返回 0。

6. 编写函数，用递归法将一个 n 位整数转换为 n 个相应字符。

7. 编写函数，输出大于 a 小于 b 的所有偶数，主函数读入两个正整数 a 和 b。

8. 编写函数，将一个数据插入有序数组中，插入后数组仍然有序。

提示：主函数中定义 int array[10]={1, 2, 3, 5, 6, 7, 8, 9, 10}，并读入的要插入数据 n=4，调用函数 void fun(int b[], int n)实现插入。

9. 有分段函数如下，设计函数求 age(5)的值。

$$age(n) = \begin{cases} 10, & n=1 \\ age(n-1)+2, & n>1 \end{cases}$$

提示：用递归方法编写 age 函数，递归结束条件是：当 $n=1$ 时，$age(n)=10$。递归形式：$age(n)=age(n-1)+2$。

第 6 章　指　　针

在 C 语言设计中常常会用到指针，利用指针变量可以表示各种数据结构，特别是用指针处理数组和字符串很方便。正确地使用指针能够快速、方便地访问内存，实现函数间的通信，设计出简洁、高效的程序。应该说，指针极大地丰富了 C 语言的功能。正是因为指针使用上的灵活性，使得指针使用也具有危险性，使用不当会产生许多意想不到的错误。

6.1　地址、指针和指针变量的概念

程序中使用的数据一般都存放在内存单元中，内存单元的大小以字节为单位，每一个内存单元有一个编号，称为地址。在地址所标识的内存单元中存放的数据就是值，通过内存单元的地址就可以访问对应内存单元的内容，可以说某地址和相应的内存单元建立了映射关系。因此，地址也可形象地叫作指针。

例如，在程序中定义了一个变量，系统会根据该变量的数据类型在编译时为其分配相应的内存单元，这时将内存单元的第 1 个字节的地址编号称为变量的地址(也称首地址)。如果将变量的地址作为一个特殊的数据(地址值)存入一个变量来保存，那么能接收地址值的这个变量称为指针变量，这时可以说"指针指向了该内存单元"，而且，通过指针也可以访问该内存单元的数据。例如：

　　short int　x=2;

　　float y=3.0;

　　char ch='a';

经编译后它们在内存中的存放示意情况如图 6.1 所示(图中 2000，2001，…，2006 等是模拟内存地址的编号，真正的内存地址要按照程序运行时内存单元的空闲情况按需分配)。

上述 3 条声明变量语句分别为变量 x、y、ch 分配了相应的内存单元。对变量 x，其值为 2，是内存单元存放的内容(内存中数据是机器内码存储的，这里只是形象模拟)，2000、2001 为变量 x 占用内存单元的地址编号，其中，2000 是 x 的首地址(或变量 x 的指针)，可表示为 &x；变量 y 和变量 ch 请参照变量与地址的对照表(见表 6.1)理解。

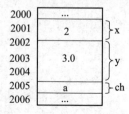

图 6.1　数据与内存地址

表 6.1　变量与地址对照表

变量名	数据类型	变量的地址 (变量的指针)	地址表示方式
x	短整型	2000	&x
y	单精度	2002	&y
ch	字符型	2006	&ch

程序在执行时，CPU 并不直接识别变量名，而是通过该变量的内存地址访问其值的。例如，x=2；其执行过程是：根据变量名与内存地址的映射关系，先找到变量 x 的地址(假设模拟地址为 2000)，然后将整数 2 存入内存起始地址为 2000 开头连续的两个字节中。这种在程序中直接按变量地址存取变量值的方式称为直接访问方式。

C 语言还有另外一种访问变量的方式称为间接访问方式。同样是访问上面变量 x 的值，可以考虑将变量 x 的地址 2000 存入到一个特殊的变量 pi 当中，通过访问变量 pi 的值 2000(地址值)，然后根据地址编号为 2000 获得其中的内容，即变量 x 的值。如图 6.2 所示。

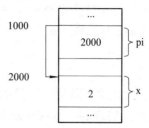

图 6.2 间接访问变量方式

在间接访问方式中，能够存放地址的变量就叫作指针变量，指针变量的值是指针(地址)。

6.2 指针变量的定义、赋值和引用

6.2.1 指针变量的定义

指针变量与普通变量一样，要遵循先声明后使用的原则。其声明格式为

数据类型 *指针变量名;

说明：数据类型是指针指向的数据的类型。

例如：

int *p;

float *q;

其中，指针变量 p 指向整型变量，指针变量 q 指向单精度实型变量。

说明：

(1) 指针变量也占用内存单元，所有指针变量占用内存单元的数量都是相同的(整型)。

(2) "*" 表示该变量为指针变量，以区别于普通变量，而指针变量名并不包含 "*"。

(3) 指针变量可以指向任何类型的对象，包括数组、指针变量、函数或结构体类型变量等，从而可以表示复杂的数据类型。

(4) 寄存器变量不可使用指针。

6.2.2 指针变量的赋值

指针变量在使用之前，必须赋给一个确定的地址值，指针变量指向简单变量的赋值运算有以下几种形式：

(1) 初始化赋值方式：声明指针变量时直接赋初值。例如：

int I, *p1=&i; //将指针 p1 初始化赋值，指向 i

short int a, *p2=&a; //指针 p2 指向 a

float f, *q=&f; //指针 q 指向 f

(2) 赋值语句赋值方式。例如：

```
int a, *pa;
pa=&a;                          //将 a 的地址赋给指针变量 pa
```

(3) 通过指针变量给相同类型的指针变量赋值方式。例如：

```
int a, *pa=&a, *pb;
pb=pa;                          // pa、pb 均为指向整型变量的指针变量，可以进行赋值运算
```

注意：

(1) 指针没有赋值时，其指向是不定的，使用指向未定的指针变量，常常会破坏内存中其他单元的内容，严重时会造成系统失控。

(2) 可以把指针变量初始化为空指针。例如：

```
int *p=NULL;
```

在 stdio.h 头文件中就有空指针 NULL 的定义：

```
#define NULL 0
```

(3) NULL 的值是整数 0，使 p 指向起始地址为 0 的单元。系统保证该单元不存放有效数据。

空指针的概念与指针变量未赋值的概念完全不同。

6.2.3　指针的引用

1．& 地址运算符

&是单目运算符，其结合性是自右至左的。它的作用是取得变量所占用的存储单元的首地址。在利用指针变量进行间接访问之前，一般都必须使用该运算符将某变量的地址赋给相应的指针变量。例如：

```
char ch, *pc=&ch;
```

表示将 ch 的地址赋给 pc，即 pc 指向 ch。

2．* 指针运算符

* 是单目运算符，其结合性是自右至左的。它的作用是取指针变量所指向的数据单元的值，即通过指针变量来间接访问它所指向的变量。例如：

```
short int i=10, *p=&i;
cout<<*p;                       //p 指向了 i，i 的值是 10，输出结果就是 10
```

注意： 指针变量定义中的*p 和程序运算过程中的*p 是有区别的。在定义中的"*"是为了区分简单变量，表示定义的变量类型是指针型，不是运算符，而在程序的执行语句中的"*"是指针运算符，它表示取 p 所指向的变量的值。

所以，当 i＝10 时，若有 int *p = &i; 则*p 就是 10。*p=10;i=10;都表示给 i 赋值为 10，如图 6.3 所示。

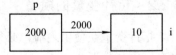

图 6.3　指针变量与所指向变量

3．& 和*间的运算

若有以下定义：

```
int i, *p=&i;
```

则*p 取量 i 的值。

说明：& 和 * 是同一优先级别的，结合性都是自右至左。因此，*&i 相当于 *(&i)，先取 i 的地址 2000，表示指针 2000 指向的变量 i，因此，*&i 就是 i；而 &*p 相当于 &(*p)，*p 代表 p 所指向的变量 i，然后再取 i 的地址 &i，&i 是指针变量 p 的值，可以用变量名 p 表示，因此，&*p 就是 p。指针变量的引用可以使程序提高效率，但在编程当中要保证使用得当，否则会造成很大的麻烦。

【例 6.1】 指针变量的引用举例。

程序清单如下：

```
#include <iostream>
using namespace std;
void main()
{    short int i, *p;
     p=&i;                        //指针变量 p 指向 i
     i=5;
     cout<<i<<", "<<*p<<endl;      //输出变量 i 的值，指针 p 指向的变量*p 也是 i 变量
     *p=6;                        //改变变量 i 的值
     cout<<i<<", "<<*p<<endl;
}
```

运行结果为

5，5

6，6

需要注意的是：一个指针变量被定义之后，它所指向对象的类型就确定了。所以，在一般情况下指针变量只能指向由定义限定的同一类型的变量，若要指向其他类型的变量要进行强制类型转换。例如：

```
int i, *p=&i;
char *q;
q=(char*)p;      //强制类型转换
```

6.3 指针的运算

指针运算的种类是有限的，除其特有的两种运算符 & 和 * 外，它只能进行算术运算、关系运算和赋值运算。

6.3.1 指针的赋值运算和算术运算

指针变量可以重新赋值，即改变指向。指针的算术运算都是按 C 语言的地址计算规则进行的，这种运算与指针指向的数据类型有密切关系。

1. p++ (或 ++p)和 p-- (或 --p)

指针自增(或自减)运算是地址运算，即指针加 1(或减 1)的结果是指针指向下一个(或上一个)数据地址，由于不同数据类型所占用的字节数是不同的，所以 ++ 和 -- 地址变化的字

节数也是不同的。对于字符型指针，自增(或自减)后改变 1 个字节；对于双精度实型指针，自增(或自减)运算后改变 8 个字节；对于复杂数据类型的指针，自增(或自减)后，指针改变的字节数为该类型数据的一个元素所占的字节数。例如：

```
short int i, *pi=&i;
char ch, *pc=&ch;
float f, *pf=&f;
pi++; pc++; pf++;       //指针 pi、pc、pf 指向下一个数据单元
```

假设变量 i、ch、f 的地址分别为 2000、2010、2030，则执行了 pi++; pc++; pf++; 后 pi 的值为 2002，pc 的值为 2011，pf 的值为 2034。

2. *p++ 和(*p)++

*p++ 和(*p)++ 是指针的复合运算，两者的不同之处如下：

(1) *p++ 表示先取指针 p 指向的变量 *p 的值，然后对指针变量 p 作自加运算，改变指针的指向，它与 *(p++)的作用是相同的。

(2) (*p)++ 表示先取指针 p 指向的变量 *p 的值，然后对指针 p 指向的变量*p 作自加运算。例如：

```
short i=5, j;        //设 i 的地址为 2000
short *p=&i;
j=*p++;             //等价于 j=*p; p++;       结果是 i=5，j=5，p 指向 2002
j=(*p)++;           //等价于 j=*p; (*p)++; 结果是 i=6，j=5，p 指向 2000
```

3．*++p 和 ++(*p)

*++p 和 ++(*p)的不同之处如下：

(1) *++p 表示先使指针变量 p 作自加运算，改变指针的指向，然后取 p 当前所指变量 *p 的值。

(2) ++(*p)表示先使 p 指向的变量 *p 的值作加 1 运算，然后取出该值。

仍用上例说明：

j=*++p; 等价于 p++; j=*p; 结果是 i=5，j 的值为内存单元 2002 开始的 2 个字节中的内容，p 指向 2002。

而 j=++(*p); 等价于(*p)++; j=*p; 结果是 i=6，j=6，p 指向 2000。

4．p+n、p-n(其中 n 为整型常量)

将指针 p 加或减一个整数 n，表示 p 向当前地址后方或前方移动 n 个数据单位，每个数据单位的字节数取决于指针的数据类型。设 p 是指向 type 类型的指针，n 是整型常量，则 p±n 得到的地址为

    Address(p)±n×sizeof(type)

其中，Address(p)表示指针 p 的值。例如，若指针 p 为 float 型，则 p + 2 表示 p 的地址值增 2 × 4 = 8 个字节。

5．p-q(p、q 为同一类型的指针)

设 p 和 q 是指向同一数组中的元素，当 p 位于后，q 位于前，则 p-q 表示 p 所指元素与

q 所指元素之间的元素个数。两指针变量相减实质上是地址相减，但其结果值不是地址量，而是一个整数值。

两个同类型的指针相减经常用于数组当中，相减的结果表示两个指针之间所包含的数组元素的个数。而两个指针相加是没有意义的。参考图 6.4。

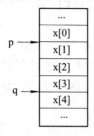

图 6.4　相同类型指针相减

【例 6.2】　两个同类型指针相减举例。

程序清单如下：

```
#include <iostream>
using namespace std;
void main()
{
    float x[5], *p, *q;
    p=&x[1]; q=&x[4];
    cout<<"q-p="<<q-p<<endl;
}
```

运行结果为

```
q-p=3
```

说明：指针 p 指向数组元素 x[1]，指针 q 指向数组元素 x[4]，其间相差 3 个数据单元，如图 6.4 所示。

6.3.2　指针的关系运算

指针的关系运算包括 >、>=、<、<=、== 和 !=。

两个同类型指针进行关系运算的结果反映出的是两个指针指向的变量的存储位置之间的前后关系。假设数据在内存中的存储是由前至后，即指向后方的指针变量大于指向前方的指针变量，则两个指针变量 p 和 q 的关系表达式 p<q 的值为真，它表示 p 的位置在 q 的前面；若 p > q 为真，则表示 p 的位置在 q 的后面；若 p==q 为真，则表示两指针变量指向同一位置。例如：

```
int a[10], *p, *q;
p=&a[3]; q=&a[8];
```

则有 p>q 结果为假，p++==q 结果为假，p!=q 结果为真，p<a 结果为假，q>=&a[6]结果为真。

说明：

(1) 指向不同数据类型的指针变量之间的关系运算没有实际意义。

(2) 任何指针变量或地址都可以与 NULL 作关系运算，通常是使用 p==NULL 或 p!=NULL。

6.4　指针与一维数组

在 C 语言中，指针与数组有着十分密切的关系。访问数组元素有两种方法，即下标法和指针法。任何能由数组下标完成的操作都能由指针来实现，而且使用指针比用下标对数组元素的存取操作更方便，速度更快。数组的指针是数组元素的地址，数组的地址是指它所占内存单元的首地址。

下标法是采用"[]"的形式引用数组中的元素；指针法采用"*"的形式引用数组中的元素。

下面通过一个例子说明指针和一维数组之间的关系。例如，

```
int a[10], *p;

p=a;                          //或 p=&a[0];
```

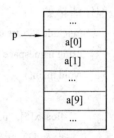

图 6.5　指针指向数组的元素

表示将数组 a 的首地址或者说第 0 个元素的地址赋给 p，如图 6.5 所示。

下标方式运算实际上是变址运算(下标运算符"[ ]")。对 a[i] 的求解过程是：先找到数组的首地址(数组名代表数组的首地址)，再按 $a + i \times d$(d 是数据长度)计算数组元素的地址，然后找出地址存放 a[i]。

元素的地址就是元素的指针，第 i 个元素的地址按照指针的表示方式，可以表示为 a+i，指针 a+i 指向的元素可以表示为 *(a+i)，所以，a[i] 等价于 *(a+i)，而地址 a+i 等价于 &a[i]。

如果有 p=a，则 p+1 指向了 a[1]，即 p+1 是 a[1] 的地址(p=&a[1])，p+2 为 a[2] 的地址，…，p+i 为 a[i] 的地址。那么，元素 a[i] 就可表示为 *(p+i)。

从下标运算的过程可以看出，下标运算的原理和指针运算的原理是一样的，故*(p+i) 也可以使用"[ ]"运算符表示成 p[i]。

通过上面的叙述可以看出，当指针变量的值为数组的首地址不变时，数组名和指针变量名可以混用。但需要注意的是，指针变量可以作为赋值对象使用，而数组名是常量，不可以对其赋值。因此，p++ 是合法的，a++ 是错误的。关于指针 p 与一维数组 a 的关系见表 6.2。

表 6.2　指针 p 与一维数组 a 的关系

地址描述	含义	数组元素描述	含义
a、&a[0]、p	a 的首地址	*a、a[0]、*p	数组元素 a[0] 的值
a+1、&a[1]、p+1	a[1] 的地址	*(a+1)、a[1]、*(p+1)	数组元素 a[1] 的值
a+i、&a[i]、p+i	a[i] 的地址	*(a+i)、a[i]、*(p+i)	数组元素 a[i] 的值

【例 6.3】 观察使用指针输出数组的两种方法。

(1) 指针变量的指向不变，通过下标移动访问元素。

程序清单如下：

```
#include <iostream>
using namespace std;
void main()
{
    int a[10], i;
    int *p;                          //声明指针变量 p
    for(i=0; i<10; i++)              //给数组元素赋值
        cin>>*(p+i);
    for(i=0; i<10; i++)             //每循环一次，下标 i 后移一个元素
        cout<<*(p+i)<<endl;         // *(p+i)代表当前指针指向的元素的值
}
```

(2) 用指针后移方式访问数组元素(同样是变址运算)。

程序清单如下：

```
#include <iostream>
using namespace std;
void main()
{
    int a[10], i;
    int *p=a;
    for(; p<a+10; p++)
        cin>>*p;
    for(p=a; p<a+10; p++)
        cout<<*p<<endl;             // *p 代表当前指针指向的元素的值
}
```

说明：使用 *p 为 a[i]赋值，p 的终值定义要小于(a+10)。

【例 6.4】　采用指针法，输出 10 个整型数中最大数。

程序清单如下：

```
#include <iostream>
using namespace std;
int max_1(int x[ ], int n);
void main()
{
    int a[10], i, max;
    for(i=0; i<10; i++)
        cin>>a[i];
    max=max_1(a, 10);
    cout<<"max="<<max<<endl;
}
int max_1(int x[ ], int n)
```

```
    {
        int i, *p=x;                    //定义指针 p 指向数组 x 的首地址, 即 &x[0]
        max=*p;                         //首先将 x[0]送入 max 中, 假设为最大值
        for(i=1;i<n;i++)                //指针 p 指向的变化到 a+9 为止
            if((*(p+i))>max)            //当前元素 *(p+i)大于 max 变量, 改变 max 的值
                max=*(p+i);
        return max;
    }
```

运行时输入:

2638157049↙

运行结果为

max=9

说明: 在函数中, 指针 p 指向数组首地址, 访问每个数组中的各元素是通过(p+i)的形式实现的。

注意: 通过对指针和数组关系的理解, 得知"指针指向数组"的概念是不准确的, 而应该说"指针指向数组元素", 在程序执行过程中由"指向数组元素的指针", 再找到对应的当前指针指向的数组元素。

【例 6.5】 用指针变量正反向输出字符数组。

程序如下:

```
    #include <iostream>
    using namespace std;
    void main()
    {
        char string[10]= "C program";    //声明字符数组 string
        char *ptr;                        //声明字符指针  ptr
        ptr=string;                       //字符指针 ptr 指向字符串起始字符
        cout<<ptr<<endl;                  //正向输出字符串
        //下面反向输出字符串
        while(*ptr!='\0')                 //循环的目的是将指针指向字符串的末尾
            ptr++;
        while(ptr>string)                 //使用循环反向输出每个字符
        {
            ptr--;                        //将指针前移
            cout<<*ptr;                   //输出当前指针 ptr 指向的字符
        }
    }
```

运行结果为

C program

margorp C

说明：

(1) ptr 给定 string 的起始地址，如图 6.6 所示。

图 6.6 指针变量与字符数组名的关系

(2) 反向输出字符串，使指针指向字符串 string 的结束符 '\0'，再通过指针向前移动：ptr--，输出指针指向的字符，如图 6.7 所示。

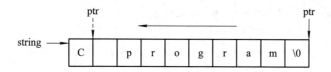

图 6.7 反向输出字符串时，指向字符的指针变量 ptr 的移动过程

注意：字符指针的赋值有些特殊之处，可将字符串的首地址赋给指向字符类型的指针变量。例如：

```
char *pc;
pc="C language";
```

或

```
char *pc="C Language";
```

6.5 指针变量作函数参数

在第 5 章中我们介绍过，C 函数调用可以将变量的地址、数组的首地址、字符串的首地址和函数的入口地址等作为实参传递给形参，通常称为传址。能够接收实参传递过来地址值的形参是指针变量，这种传递的本质仍然是单向值传递，传递的是地址常量。指针变量作为函数的形参，可以得到两个以上的值，而不受返回语句的限制，可以直接处理内存地址，间接实现参数间的数据传递。

【例 6.6】 交换两个整数 a、b 中的值。列举两种两个数据的交换实现方式，分析各自的功能。

(1) 对调函数中指针指向内存单元的值。

程序清单如下：

```
#include <iostream>
using namespace std;
void swap(int *p, int *q)        //形参为指针变量
{
    int temp;
    temp=*p;                     // *p 等价于 a, *q 等价于 b
    *p=*q;
```

```
            *q=temp;
        }
        void main()
        {
            int a, b;
            cout<<"input a and b: "<<endl;
            cin>>a>>b;
            swap(&a, &b);                  //函数调用，实参是变量 a、b 的地址
            cout<<"a="<<a<<", "<<"b="<<b<<endl;
        }
```

运行时输入：

　　2 ✓(或 2 tab 键 3✓)

　　3✓

运行结果为

　　a=3, b=2

(2) 函数中指针变量指向对调。

程序清单如下：

```
        #include <iostream>
        using namespace std;
        swap(int *p, int *q)                //形参为指针 p、q
        {
            int *temp;
            temp=p;
            p=q;
            q=temp;
        }
        void main()
        {
            int a, b;
            cout<<"input a and b: "<<endl;
            cin>>a>>b;
            swap(&a, &b);                  //函数调用，实参是变量 a、b 的地址
            cout<<"a="<<a<<", "<<"b="<<b<<endl;
        }
```

运行时输入：

　　2✓　 (或 2 tab 键 3✓)

　　3✓

运行结果为

　　a=2, b=3

其中：程序(1)调用 swap 函数时，将变量 a 的地址赋给指针变量 p，将变量 b 的地址赋给指针变量 q，如图 6.8(a)所示。执行函数中的语句：

    temp=*p;   *p=*q;   *q=temp;

即将 *p 和 *q 的值互换(见图 6.8(b))，函数调用结束后，p 和 q 被释放，内存的数据如图 6.8(c)所示，这时，变量 a 的值为 3，变量 b 的值为 2。

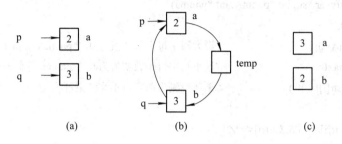

图 6.8 例 6.6(1)的程序执行示例图

程序(2)调用 swap()函数时，同样指针 p 指向 a，指针 q 指向 b，如图 6.9(a)所示。执行函数中的语句：

    temp=p;   p=q;   q=temp;

将 p 和 q 保存的地址值互换，也就是 p 和 q 的指向发生了改变，但没有使 p 和 q 所指向的变量发生变化，如图 6.9(b)所示。函数调用结束后，指针变量 p 和 q 被释放，内存中的数据如图 6.9(c)所示。这时变量 a 的值仍为 2，变量 b 的值仍为 3。

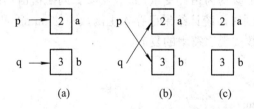

图 6.9 例 6.6(2)的程序执行示例图

【例 6.7】 设计一个统计函数。实现统计字符串中大写字母、小写字母个数。

分析：

(1) 函数的输入是一个字符串，可设置一个指针变量作为形参，接收字符串的首地址。

(2) 函数的第 2 和第 3 形参均为指针变量，它们分别定义为统计大写字母和小写字母的计数器。

程序清单如下：

```
#include <iostream>
using namespace std;
void count( char *str, int * pnumA, int *pnuma);   //声明计数函数 count()，参数 str 接收实参对应的
                                                   //字符串 pnumA, pnuma 统计大小写字母个数
void main()
{
    char a[80];                    //声明字符数组
```

```
    int numA, numa;                     //声明大写字母、小写字母计数变量
    cin>>a;                             //读字符串 a
    count(a, &numA, &numa);
    cout<<"大写字母个数为"<< numA<<", "<<"小写字母个数为:"<<, numa<<endl;
}
void count(char *str, int *pnumA, int *pnuma)
{   int i=0;
    *pnumA=0;                           //设大写字母个数初值为 0，*pnumA 等价 numA
    *pnuma=0;                           //设小写字母个数初值为 0，*pnuma 等价 numa
    while(str[i]!= '\0')                //循环检测当前字符不为结束符时
    {
        if(str[i]>='A'&&str[i]<= 'Z')
          (*pnumA)++;                   //大写字母计数加 1
        else
          if(str[i]>= 'a'&&str[i]<= 'z')
            (*pnuma)++;                 //小写字母计数加 1
        i++;
    }
}
```

说明：count 函数的形参均为指针变量，接收实参如同赋值语句：str=a, pnumA=&numA，pnuma=&numa，函数返回时，统计结果已存入主函数中的 numA 和 numa 变量。

【例 6.8】 调用函数实现字符串的复制。

程序清单如下：

```
#include <iostream>
using namespace std;
void copy_string(char *from, char *to)
{
    for(; *from!='\0'; from++, to++)
      *to=*from;                        //使用字符指针赋值
    *to='\0';                           //将字符串结束符赋给 to 数组的最后一个元素
}
void main()
{   char a[]="I am a teacher. ";
    char b[]="You are a student. ";
    copy_string(a, b);
    cout<<"string a= "<<a<<endl;
    cout<<"string b="<< b<<endl;
}
```

运行结果为

string a=I am a teacher.

string b=I am a teacher.

说明：copy_string 函数将 from 指针指向的数组每个元素复制到 to 指针指向的数组元素当中，间接实现了参数间的数据传递(从 *from 到 *to)。另外函数头可改成：void copy_string(char from[], char to[])。

6.6 指针与二维数组

6.6.1 二维数组的指针表示方式

二维数组的指针无论是从概念还是从使用上都比一维数组复杂得多。指针可以用于处理二维数组，通过指针可以引用数组的元素。

二维数组的表示从形式上看，是分成行和列表示的。例如设有一个数组 a，包含 3 行 4 列。其定义如下：

short int a[3][4]={{1, 3, 5, 7}, {9, 11, 13, 15}, {17, 19, 21, 23}};

数组中元素(1，9，17)的地址可以看成是所在行的首地址，而数组的每一行如同一个一维数组。所以说，二维数组行的首地址称为行指针，通过行指针也可以引用本行的元素。下面说明如何使用指针法引用二维数组元素。

对于数组 a，将每 1 行看成 1 个元素，此时数组 a 包含 3 个虚拟元素，即：a[0], a[1], a[2]。

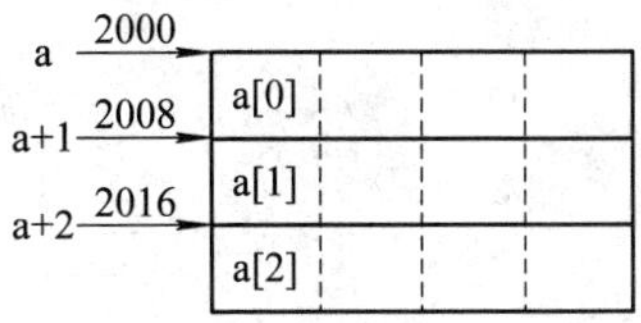

对数组 a 进行 a+0, a+1, a+2 变址运算，分别得到第 0、1、2 个虚拟元素的地址，这时，a+0、a+1、a+2 就相当于&a[0]、&a[1]、&a[2]，这就是通常说的数组的行指针。

所以，行指针的特性就是：指针加 1 是移动一行。a+i 表示第 i 行的行指针，也是第 i 行的首地址(参见图 6.10)。

图 6.10 二维数组行指针

每个虚拟元素 a[i]展开又是 1 个一维数组(包含 4 个元素)，具体表示为

a[0][0], a[0][1], a[0][2], a[0][3]　　　　//a[0]代表第 0 行的首地址

a[1][0], a[1][1], a[1][2], a[1][3]　　　　//a[1]代表第 1 行的首地址

a[2][0], a[2][1], a[2][2], a[2][3]　　　　//a[2]代表第 2 行的首地址

⋮

a[i][0], a[i][1], a[i][2], a[i][3]　　　　//a[i]代表第 i 行的首地址

同时：

a[0]+0, a[0]+1, a[0]+2, a[0]+3　　　　//分别代表第 0 行各元素的地址

a[1]+0, a[1]+1, a[1]+2, a[1]+3　　　　//分别代表第 1 行各元素的地址

a[2]+0, a[2]+1, a[2]+2, a[2]+3　　　　//分别代表第 2 行各元素的地址

⋮

a[i]+0, a[i]+1, a[i]+2, a[i]+3　　　　//分别代表第 i 行各元素的地址

元素的地址即为元素的指针，也叫列指针(第 2 下标)，元素的指针加 1，恰好移动一个元素的位置。第 i 行第 j 列的元素指针可表示为 a[i]+j。元素指针示意图如图 6.11 所示。

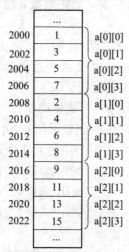

图 6.11　二维数组列指针

有了元素的指针，就可以用指针法表示二维数组元素，比如，a[i][j] 可以用 *(a[i]+j) 表示，还可用 *(*(a+i)+j) 表示。二维数组元素的表示形式及其含义如表 6.3 所示。

表 6.3　二维数组的表示形式及其含义

表　示　形　式	含　　　义
a	行指针、二维数组名、数组首地址
a+i、&a[i]	第 i 行行指针
*(a+i)、a[i]	第 i 行第 0 列元素指针、i 行首地址
*(a+i)+j、a[i]+j、&a[i][j]	第 i 行第 j 列元素指针
((a+i)+j)、*(a[i]+j)、a[i][j]、(*(a+i))[j]	元素、第 i 行第 j 列元素的值

尽管有多种表示行首地址的方式，习惯上还是用 a[0]、a[1]、a[2] 这种方式。这是因为，二维数组的数据在内存中是连续存放的，当数据类型、长度定义好后，元素的地址、每行的起始地址也就确定了，内存中的数据存放情况如图 6.12 所示。

图 6.12　二维数组在内存中的实际存储方式

【例 6.9】　二维数组元素的引用举例。

程序清单如下：

```
#include <iostream>
using namespace std;
void main()
{
    short   int a[3][4]={1, 3, 5, 7, 9, 11, 13, 15, 17, 19, 21, 23};
```

```
        cout<<*(*(a+1)+2)<<"    "<<a[1][2]<<"    "<<*(a[1]+2);    //输出数组元素
        cout<<"the size of a is:"<<sizeof(a)<<endl<<endl;         //输出数组 a 的长度
        cout<<"the size of a[0] is:"<<sizeof(a[0])<<endl;         //输出数组 a 每行长度
        cout<<"the size of a[0][0] is:"<<sizeof(a[0][0])<<endl;   //输出数组 a 每元素长度
    }
```
运行结果为

    13   13   13

    the size of a is:24

    the size of a[0] is:8

    the size of a[0][0] is:2

6.6.2 行指针变量

按二维数组的存储结构定义指针，需要计算各元素的存储位置，直观性较差。为此，C 语言提供了按二维数组逻辑结构定义指针的方法：指向一维数组的指针变量，即行指针。

例如，数组 int a[3][4]有 a[0]、a[1]和 a[2]共 3 个行向量，则可以定义一个指向行向量的指针变量(行指针变量)。行指针变量的定义的一般格式为

    数据类型　(*指针)[常量表达式];

说明：

(1) 它表明指针变量指向一维数组，[]内常量表达式的值是一维数组中元素的个数(列下标)。

(2) 定义中的括号不能省略，正常情况下，下标运算符[]的优先级要高于指针运算符*。如果没有()，指针变量将先与下标结合，变成了指针数组(下节介绍)。

(3) 行指针 p 形式上像一个数组，但实际上是一个简单的指针变量，与一般的指针变量一样，占用 4 字节的内存单元来存储。

例如，

    int a[3][4]= {1, 3, 5, 7, 9, 11, 13, 15, 17, 19, 21, 23};

    int (*p)[4]=a;   //行指针变量指向数组 a

表示指针变量 p 是指向一个包含 4 个元素的一维数组的，即 p=a，p 的增值以一维数组的长度为单位，所以 p+1 指向 a[1]，p+i 指向 a[i]。

p 指向某一行后，本行的元素都可以访问，其中，第 i 行第 j 列的地址用指针 *(p + i) + j 表示，其元素可以表示成 *(*(p + i) + j)、*(p[i] + j)、p[i][j]和(*(p + i))[j]四种形式。行指针变量指向二维数组示意图如图 6.13、图 6.14 所示。

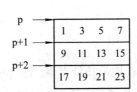

图 6.13　指向一维数组的指针变量 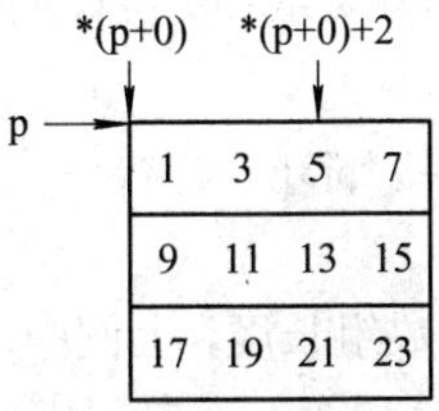　　　　图 6.14　行指针和列指针

【例 6.10】　使用行指针变量输出二维数组元素的值。

程序清单如下：

```
#include <iostream>
using namespace std;
#include<iomanip>
void main( )
{
    int a[3][4] ={1, 3, 5, 7, 9, 11, 13, 15, 17, 19, 21, 23}, (*p)[4];
    int i, j;
    p=a;
    for(i=0; i<3; i++)
    {
        for(j=0; j<4; j++)
            cout<<setw(8)<<*(*(p+i)+j)<<"     ";   //输出 i 行 j 列的元素
        cout<<endl;
    }
}
```

运行结果为

```
1      3      5      7
9     11     13     15
17     19     21     23
```

说明：程序中 p=a 是正确的，若写为 p=a[0]; 或 p=&a[0][0]; 则类型不匹配，p+i 是第 i 行地址，*(p+i)是第 i 行元素地址，也可以理解成第 i 行元素的列地址，所以 *(*(p+i)+j) 是第 i 行第 j 列元素的值，例如 *(*(p+0)+2)是第 0 行第 2 列元素的值，如图 6.14 所示。

6.7　指　针　数　组

6.7.1　指针数组的引用

具有相同类型的数据可以组成数组，若干指向相同类型数据的指针也可以组成指针数组，其数组中的每个元素都是指针变量。指针数组的一般格式为

　　数据类型　*数组名[数组长度];

例如：

　　int a[3][4], *p[3];

说明：

(1) [ ]说明数组长度，上例中，p 数组中的 3 个元素均为指针变量，即 p[0]、p[1]、p[2]，如图 6.15 所示。注意，在书写上要注意与行指针的定义区分开。

(2) 如同基本类型数组一样，指针数组元素在内存中连续存放，数组名就是这片存储

空间的首地址，也是一个地址常量。

(3) 指针数组 p 访问二维数组时，通过指针数组的下标变化来访问各行的首地址。例如，p[i]+j 使指针指向 a[i][j]。

(4) 二维数组 a 的任意元素的地址可以用 &p[i][j]、p[i]+j、*(p+i)+j 等形式表示；还可以用 p[i][j]、*(p[i]+j)、*(*(p+i)+j)、(*(p+i))[j]等形式访问 a[i][j]的值。

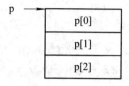

图 6.15　指针数组图示

【例 6.11】 用指针数组输出二维数组。

程序清单如下：

```
#include <iostream>
using namespace std;
#include<iomanip >
void main()
{
    int a[3][4]={1, 3, 5, 7, 9, 11, 13, 15, 17, 19, 21, 23};
    int i, j;
    int *p[3];                  //声明指针数组
    for(i=0; i<3; i++)
        p[i]=a[i];              //给指针数组赋值，p[0]=a[0]、p[1]=a[1]、p[2]=a[2]
    for(i=0;i<3;i++)            //双重循环输出每个数组元素的值
    {
        for(j=0; j<4; j++)
            cout<<setw(8)<<*(*(p+i)+j);
        cout<<endl;
    }
}
```

运行结果为

```
 1   3   5   7
 9  11  13  15
17  19  21  23
```

6.7.2　行指针和指针数组的比较

1．行指针与指针数组的共同点

(1) 行指针和指针数组都是按二维数组的逻辑结构定义的。行指针指向数组的首行，指针数组的各个元素分别指向数组的对应行。

(2) 用行指针和指针数组访问数组元素时，都要进行两次访问地址运算。

(3) 用行指针和指针数组访问数组元素时，其地址表示形式和数据访问形式完全相同。
p[i][j]、*(*(p+i)+j)、*(p[i]+j)、(*(p+i))+[j]均可以访问数组元素 a[i][j]。

(4) 如果 p 是行指针，p+i 是第 i 行的首地址；如果 p 是指针数组，p[i]或*(p+i)表示 i
行的第 1 个元素的地址。

2．行指针和指针数组的不同点

(1) 定义格式不同：行指针的定义形式为(*p)[n]，其中 n 为二维数组的列数，指针数组
的定义形式为 *p[m]，其中 m 为二维数组的行数。

(2) 占用的存储单元不同：行指针只占一个整型变量的存储单元；而指针数组中的每
一个元素都要占用一个整型变量的存储单元。

(3) 初始化和赋值方式不同：行指针可以用数组名 a 或数组中的行首地址进行初始化或
赋值；指针数组只能用数组 a 各行的首地址 a[i]、*(a+i)分别对其各个元素 p[i]进行初始化
或赋值。

【例 6.12】 使用行指针变量，编写求二维数组中全部元素之和的函数。

程序清单如下：

```cpp
#include <iostream>
using namespace std;
int addarray(int (*p)[4], int m);
void main()
{
    int a[3][4]={1, 3, 5, 7, 9, 11, 13, 15, 17, 19, 21, 23};
    int sum;
    sum=addarray(a, 3);
    cout<<"sum="<<sum<<endl;
}
int addarray(int (*p)[4], int m)             // p 行指针变量
{
    int i, j, sum=0;
    for(i=0; i<m; i++)
        for(j=0; j<4; j++)
            sum+=*(*(p+i)+j);
    return sum;
}
```

运行结果为

```
sum=144
```

说明：

(1) 函数 addarray 调用时，实参将数组 a 的首地址传给形参 p，使得指针 p 指向 a，形

参 m 用来传递数组 a 的行数，这时*(*(p+i)+j)就表示数组 a 的元素 a[i][j]。

(2) 行指针变量作参数的缺点：从函数头的表现形式 addarray(int (*p)[4], int m)可以看出：(*p)[4]不可写成(*p)[]，只能处理 m 行 4 列的数组，而不能是任意列。

【例 6.13】 改写例 6.12，使用指针数组作参数求二维数组中全部元素之和。

程序清单如下：

```
#include <iostream.h>
int addarray(int *p[], int m, int n);
void main()
{
    int a[3][4]={1, 3, 5, 7, 9, 11, 13, 15, 17, 19, 21, 23};
    int *pa[3], sum;                    //声明实参指针数组 pa
    pa[0]= a[0];                        //给实参指针数组 pa 的每个指针元素赋值
    pa[1]= a[1];
    pa[2]= a[2];
    sum=addarray(pa, 3, 4);            //调用函数指针数组作实参
    cout<<"sum="<<sum<<endl;
}
int addarray(int *p[], int m, int n)
{
    int i, j, sum=0;
    for(i=0; i<m; i++)
      for(j=0; j<n; j++)
          sum+=*(*(p+i)+j);
    return sum;
}
```

说明： 指针数组作参数处理二维数组不同于行指针变量的地方在于：

(1) 从声明语句 addarray(int *p[ ], int m, int n)可以看出，指针数组能处理 m 行 n 列的数组，行或列都不受限制。

(2) 需要在主调函数中声明一个实参指针数组，形参指针数组引用实参数组的名字，而不能直接将二维数组名 a 传给形参指针数组。

6.7.3　指针数组处理字符串

指针数组可很方便地处理多个字符串。初始化指向 char 类型的指针数组后，数组的元素就可以指向不同的字符串首地址。通过使用该指针数组的各个元素，字符串也就可以依次被访问。使用指针数组处理字符串比使用二维字符数组节省内存空间。比较图 6.16 和图 6.17 可以发现：字符数组每行长度固定，总有一些多余的内存单元被浪费；指针数组存储字符串时，每个字符串的存储只需有效字符长度加上一个结束符的内存开销。因此，这里使用字符指针数组完成字符串排序，通过改变指针数组中相应元素的指向，就可实现目的，而不必对字符串进行位置交换(比较图 6.17 和图 6.18)。

P	a	s	c	a	l							
B	A	S	I	C								
C												
F	O	R	T	R	A	N						
C	o	m	p	u	t	e	r		d	e	s	i	g	n	\0

图 6.16　字符数组存储字符串内存示意

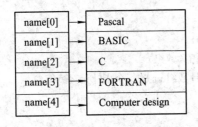

图 6.17　指针数组存储字符串内存示意

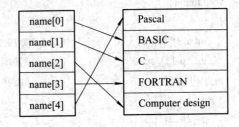

图 6.18　排序后的指针数组和字符串

【例 6.14】 将若干字符串按升序排序后输出。用字符指针数组完成。

程序清单如下：

```cpp
#include <iostream>
using namespace std;
#include <cstring>
void sort(char *name[], int n);              //排序函数
void print(char *name[], int n);             //输出函数
void main()
{
    char *name[]={ "Pascal", "BASIC", "C", "FORTRAN", "Computer design"};
    sort(name, 5);
    print(name, 5);
}
void sort(char *name[], int n)               //用选择排序法对字符串排序
{
    char *temp;
    int i, j, k;
    for(i=0;i<n-1;i++)                        // n 个字符串，共比较 n-1 轮
    {
        k=i;
        for(j=i+1; j<n; j++)
            if(strcmp(name[k], name[j])>0)   //调用系统函数比较两个字符串
                k=j;                         //k 记录较小串位置，改变指向字符串的指针的指向
        if(k!=i)
```

```
        {
             temp=name[i];
             name[i]=name[k];
             name[k]=temp;
        }
      }
  }
  void print(char *name[], int n)      //输出每个字符串
  {
      int i;
      for(i=0; i<n; i++)
          cout<<name[i]<<endl;
  }
```

运行结果为

BASIC

C

Computer design

FORTRAN

Pascal

说明：

(1) 在 main 函数中定义了一个指针数组 name 并初始化，使其数组元素分别指向 5 个字符串，其中，字符串不等长，如图 6.17 所示。

(2) 在 sort 函数中，其形参 name 是指针数组，它接收实参传来的 name 数组的首地址。strcmp 函数完成两个字符串排序，在函数 strcmp 中，name[k]和 name[j]均为指针，比较字符串后，需要交换时，只交换指针数组元素的值，即变换指针指向，而不交换具体的字符串，这样将大大减少时间的开销，提高了运行效率。执行完 sort 函数后指针数组的情况如图 6.18 所示。

*6.8　返回指针值的函数

一个函数不仅可以返回整型、字符型和结构类型等数据，也可以返回指针类型的数据。对于返回指针类型数据的函数，在函数定义时，也应该进行相应的返回值类型说明。定义指针型函数的一般格式为

    数据类型 *函数名(形参表)
    {
        函数体;
    }

说明：其中函数名前的"*"号表明这是一个指针型函数，即返回值是一个指针。数据

类型说明符表示了返回的指针值所指向的数据类型。

例如：

```
int *rp(int x, int y)
{
    函数体;
}
```

表示函数 rp 返回一个指向整型变量的指针值。函数名前有个"*"，表示此函数是指针型函数，故函数值为指针。

【例 6.15】 调用返回指向 int 型的指针的函数，实现两个数的比较。

程序清单如下：

```
#include <iostream>
using namespace std;
int *larger(int *, int *);
int main()
{
    int a, b, *bigger;
    cin>>a>>b;
    bigger=larger(&a, &b);              //函数 larger 返回整型变量的地址
    cout<<"The larger number is "<<*bigger<<endl;
    return 0;
}
int * larger (int *x, int *y)
{
    return *x>*y?x:y;
}
```

运行时输入：

```
3    5↙
```

运行结果为

```
The larger number is 3
```

注意：ANSI 标准增加了一种 void 指针类型，可以定义一个指针变量，但不指定具体是哪一种指针类型，即指向一个抽象类型的数据，在将它的值赋给另一个指针变量时要进行强制类型转换，以便类型匹配。例如：

```
char *p1;
void *p2;
...
p1=(char *)p2;
p2=(void*)p1;
```

也可以将一个函数定义为 void* 类型。例如：定义函数：void* f(char *p1); 表示函数返回一个地址，它指向"空类型"，调用时要将函数类型转换为(char *)：char *p2=(char *)f(str);。

*6.9　指向指针的指针

前面介绍的指针是直接指向数据对象的指针，其中存放的是数据对象的地址，称为一级指针。将一级指针的地址使用指针变量存储起来，称为二级指针。二级指针被称为指向指针的指针。

1. 二级指针的定义

二级指针的一般定义格式为

　　数据类型　**指针变量名;

说明：指针变量名之前有两个 *，表示其指针变量是二级指针。换句话说，指针名之前有几个 *，表示其指针变量是几级指针。

例如，有以下定义：

　　int a, *p1, **p2;

　　p1=&a;

　　p2=&p1;

指针 p1 存放变量 a 的地址，即指向了变量 a，指针 p2 存放一级指针 p1 的地址，即指向 p1，因此 p1 是一级指针，p2 是二级指针，既可以用一级指针 p1 访问变量 a，也可以用二级指针 p2 访问变量 a，即 a、*p1、**p2 都表示访问变量 a 的值，三者是等价的。图 6.19 是一级、二级及多级指针的示意图。

图 6.19　一级、二级及多级指针

注意：二级指针必须与一级指针联合使用才有意义，不能将二级及多级指针直接指向数据对象。

2. 二级指针的使用

(1) 可以通过二级指针访问变量。

【例 6.16】　使用二级指针访问元素。

程序清单如下：

```
#include <iostream>
using namespace std;
void main()
{
    int x, *p1, **p2;                    //定义二级指针 p2
    x=10;
    cout<<x<<endl;
    p1=&x;                               // p1 指向变量 x
```

```
        *p1=5;
        p2=&p1;                          // p2 指向指针变量 p1
        cout<<x<<endl;
        **p2=3;                          //通过 p2 引用变量 x
        cout<<x<<endl;
    }
```

运行结果为

  10

  5

  3

  程序中，通过语句 p1=&x; 使得 p1 指向 x，从而间接通过指针 p1 改变 x 的值；通过语句 p2=&p1，使指针 p2 指向 p1，又通过 p1 指向 x，间接改变 x 的值。其执行过程如图 6.20 所示。

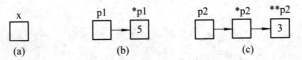

图 6.20　例 6.16 执行过程示例图

(2) 可以通过二级指针访问二维数组。

【例 6.17】　用二级指针访问二维数组的方法，修改例 6.13。

程序清单如下：

```
#include <iostream>
using namespace std;
void main()
{
    int addarray(int *p[], int m, int n);
    static int a[3][4]={1, 3, 5, 7, 9, 11, 13, 15, 17, 19, 21, 23};
    int i, j, sum;
    cin>>i>>j;
    static int *p[3], **pp;
    p[0]=a[0]; p[1]=a[1]; p[2]=a[2];     //指针数组 p 得到了数组 a 各行的首地址
    pp=p;                                //二级指针 pp 取得了指针数组 p 的首地址
    sum=addarray(pp, 3, 4);              //调用函数指针数组作实参
    cout<<"sum="<<sum<<endl;
}
int addarray(int *p[], int m, int n)
{
    int i, j, sum=0;
    for(i=0; i<m; i++)
```

```
        for(j=0; j<n; j++)
            sum+=*(*(p+i)+j);
    return sum;
}
```

运行时输入：

　　3↙　4↙

运行结果为

　　sum=144

程序中，首先通过指针数组 p 得到了二维数组 a 各行的首地址，再通过语句 pp=p; 使二级指针 pp 取得了数组 p 的首地址，因此，可以通过二级指针引用数组 a 的元素。

(3) 可以通过二级指针访问字符串。

【例 6.18】 用字符指针数组处理字符串。

程序清单如下：

```
#include <iostream>
using namespace std;
void main()
{
    char **p;
    char *name[ ]={"hello", "good", "world", "bye", };
    p=name+1;
    cout<<*p;
    p+=2;
    while(**p!='\0')
    cout<<*((*p)++);
}
```

运行结果为

　　good bye

在实际应用中，要求在函数之间传递指针数据时经常会遇到这类问题。因此，理解和掌握多级指针之间的相互关系也是十分重要的。但在处理简单问题的时候，没有必要使用二级或三级指针。

*6.10　指向函数的指针变量

　　一个函数在编译后被存入内存中，该内存单元是从一个特定的地址开始的，这个地址就称为该函数的入口地址，也就是该函数的指针。

　　在 C 语言程序中的指针，不仅可以指向整型、字符型和结构型等变量，还可以指向函数。程序中的每一个函数经过编译后，其目标代码在内存中是连续存放的，该代码的首地址就是函数的入口地址。在 C 语言中，函数名就代表函数的入口地址。我们可以定义一个指针变量，让它指向某个函数，这个变量就称为指向函数的指针变量。指向函数的指针变量的作用是更灵活地进行函数调用。函数指针的一般格式定义如下：

　　　　数据类型　　(*函数指针变量名)( );

说明：

(1) 在定义函数指针时，使用圆括号括起函数指针变量名。

(2) 其中的"数据类型"是指函数返回值的类型。

例如：

　　　　int (*fp)();

表示 fp 是一个函数指针。此函数的返回值类型是整型，也就是说，fp 所指向的函数只能是返回值为整型的函数。

　　定义了函数指针之后，可以通过它间接调用所指向的函数。同其他类型的指针一样，必须首先将一函数名(代表该函数的入口地址，即函数的指针)赋给函数指针，然后才能通过函数指针间接调用这个函数。

　　【例 6.19】 编写可寻找两数中较小值的程序。

程序清单如下：

```
#include <iostream>
using namespace std;
void main( )
{
    int a, b, c;
    int min(int x, int y);
    int (*p)( );                //定义函数指针
    p=min;                      //函数指针 p 指向函数 main
    cin>>a>>b;
    c=(*p)(a, b);               //使用函数指针 p 调用函数 min，a、b 为实参
    cout<<"the min is:"<<c<<endl;
}
int min(int x, int y)
{
    int z;
    return (x<y?x:y);
}
```

运行时输入：

　　　3　　5↙

运行结果为

　　　the min is : 3

　　说明： 主函数中赋值语句 p=min; 的作用是将函数 min 的入口地址赋给指针变量 p，因此调用函数 min 的形式可以用 c=(*p)(a, b)来代替 c=min(a, b)，两种调用方式的执行结果相同。

注意：(1) 定义一个指向函数的指针变量 int(*p)( )，它仅表示定义了一个专门用来存放函数的入口地址的指针变量。在程序中只有将某一个函数的地址赋给它，它才指向相应的函数。

(2) 指向函数的指针变量不能进行 p++、p--、p±n 运算。

6.11　指针程序举例

【例6.20】　用函数实现将 n 个数按输入时的逆序排列。

程序清单如下：

```
#include <iostream>
using namespace std;
void inv(int *p, int n);
void main()
{
    int i, a[10]={1, 2, 3, 4, 5, 6, 7, 8, 9, 10}, *p;
    cout<<"The original array:"<<endl;
    for(i=0; i<10; i++)
    cout<<a[i]<<"   ";
    cout<<endl;
    inv(a, 10);
    cout<<" The array has been inverted:"<<endl;
    p=a;                                  //指针变量 p 指向数组 a
    for(; p<a+10; p++)
        cout<<*p<<"     ";
        cout<<endl;
}
void inv(int *p, int n)
{
    int i, temp;
    int *p_end;                           //p_end 用来指向数组最后一个元素
    for(p_end=p+n-1; p<p_end; p++, p_end--)
    {
        temp=*p;
        *p=*p_end;                        //交换 p, p_end 所指向的元素的值
        *p_end=temp;
    }
}
```

运行结果为

The original array:

1　2　3　4　5　6　7　8　9　10

The array has been inverted:

10　9　8　7　6　5　4　3　2　1

说明：

(1) 主函数将数组 a 初始化。函数 inv 中形参 p 为指向整型元素的指针变量，另一个形参 n 为数组元素的个数。

(2) 调用函数 inv 时，主函数将数组 a 的首地址传给形参 p，使得 p 也指向数组 a，在函数中使用了一个指针变量 p_end，它的作用是取得数组 a 的最后一个元素的地址，用表达式 p<p_end 来控制循环的结束。调用函数结束后，主函数的数组 a 也随之发生了逆置。

【例 6.21】 计算一维数组各元素的平均值。

程序清单如下：

```cpp
#include <iostream>
using namespace std;
float average(float *pa, int n);
void main()
{
    int i;
    float ave, num[10];
    for(i=0; i<10; i++)
        cin>>num[i];
    ave=average(num, 10);          //传递数组的首地址，调用 average 函数
    cout<<"average="<<ave<<endl;
}
float average(float *pa, int n)    //使用指针变量接收实参传递过来的地址
{
    float sum=0, ave;
    int i;
    for(i=0; i<n; i++)
        sum+=*(pa+i);
    ave=sum/n;
    return ave;
}
```

运行时输入：

10 20 30 40 50 60 70 80 90 100↙

运行结果为

average=55.00

说明： main()函数调用 average()函数时，传递的是数组的首地址，average()中的形参 pa 为指针变量，pa 接收实参数组的首地址，从而可以在函数中对数组 num 进行操作。

【例6.22】 试编写函数，判断字符串是否是回文(回文是顺读和反读都相同的字符串。例如，"121"、"ABBA"、"X"等。)。

程序清单如下：

```
#include <iostream>
using namespace std;
int cycle(char *s);
void main()
{
    char str[80];
    gets(str);
    if(cycle(str))
        cout<<" OK"<<endl;
    else
        cout<<" NO"<<endl;
}
int cycle(char *s)
{
    char *begin, *end;
    for(begin=s, end=s+strlen(s)-1;end>begin;begin++, end--)
                            //begin 指向第一个字符，end 指向最后一个字符
        if(*begin!=*end) break;         //如 begin、end 指向的字符不等，说明该字符串不是回文
    return end<=begin;
}
```

运行结果为

abcba✓

abcba OK

再次运行结果为

abcd✓

abcd NO

函数中引入两个指针变量 begin 和 end，开始时，两指针分别指向字符串的首末字符，当两指针所指字符相等时，两指针分别向后和向前移一个字符位置，并继续比较，直至指针相遇，该字符串是回文。若比较过程中，发现两字符不相等，则此时 end 的值一定仍大于 begin，返回的表达式 end<=begin 的值为假，即该字符串不是回文。

习 题 6

一、单项选择题

1. 若有以下定义和语句，则*p 最终值是(   )。

```
int *p, b=10; static int a[]={2, 3, 4, 1, 5, 6};
p=a; p+=3; a[3]=b;
```
  A. 1   B. 3   C. 4   D. 10

2. 若有以下定义和语句，则*p 最终值是字符(　　)。
```
Char   b[10]= "abcdefghi", *p;
p=b+5;
```
  A. f   B. g   C. h   D. e

3. 有二维数组 a[3][4]，用指针法表示 a[2][3]，正确的是(　　)。
  A. &a[2][3]   B. a[2]+3   C. *(a+2)+3   D. *(a[2]+3)

4. 定义指向包含 4 个整型元素的一维数组的行指针的正确形式是(　　)。
  A. int (*p)[]   B. int *p[4]   C. int *(p[])   D. int (*p)[4]

5. 指向 4 个字符串的指针数组的正确定义是(　　)。
  A. char (*p)[]   B. char *p[4]   C. char *(p[])   D. char (*p)[4]

6. 若 char *str1="china"; char *str2="student";，则执行语句 strcpy(str2, str1)后，str2 的值为(　　)。
  A. china   B. student   C. studentchina   D. chinastudent

7. 若有以下定义和语句：
```
int a[]={1, 2, 3, 4, 5, 6, 7, 8, 9, 0}, *p=a;
```
则值为 3 的表达式是(　　)。
  A. p+=2, *(++p)   B. p+=2, *p++   C. p+=3, p++   D. p+=2, ++*p

8. 若有定义和语句：
```
int **pp, *p, a=10, b=20;
pp=&p;
p=&a;
p=&b;
printf("%d, %d\n", *p, **pp);
```
则输出结果是(　　)。
  A. 10, 20   B. 10, 10   C. 20, 10   D. 20, 20

二、填空题

1. 设有以下定义和语句：
```
int a[3][2]={10, 20, 30, 40, 50, 60}, (*p)[2];
p=a;
```
则*(*(p+2)+1)的值为＿＿＿＿。

2. 若有以下说明和语句，则在执行 for 语句后，*(*(pt+1)+2)表示的数组元素用下标法表示为＿＿＿＿。
```
int t[3][3]={1, 2, 3, 4, 5, 6, 7, 8, 9}, *pt[3], k;
for (k=0; k<3;k++)
    pt[k]=&t[k][0];
```

3. 若有以下定义，程序运行后的输出结果是_____。

```
char s[]="9876", *p;
for (p=s;p<s+2;p++)
    cout<<p<<endl;
```

4. 若有以下定义和语句，则下列程序段的输出结果是_____。

```
int a[]={6, 7, 8, 9, 10}, *p=a;
*(p+2)+=2;
cout<<*p<<"    "<<*(p+2)<<endl;
```

三、阅读程序题

分析各语句的功能，写出程序的运行结果。

1. 以下程序的输出结果是_____。

```
#include <iostream>
using namespace std;
void main()
{
    int a[3][4]={1, 3, 5, 7, 9, 11, 13, 16, 17, 19, 21, 23}, (*p)[4]=a;    //p 是行指针变量
    int i, j, k=0;
    for (i=0; i<3; i++)              //外循环控制行，i 从 0 到 2，共 3 行
        for (j=0; j<2; j++)          //内循环控制列，j 从 0 到 1，每行前 2 个元素
            k=k+*(*(p+i)+j);         //累加求和
    cout<<k<<endl;                   //输出累加和 k
}
```

2. 以下程序运行后，输出结果是_____。

```
#include<iostream>
using namespace std;
void main()
{
    int   i, num[]={1, 2, 3, 4, 5}, *p=num;
    *p=20;
    p++;
    *p=30;
    p--;
    cout<<*p<<endl;
}
```

3. 以下程序运行后，输出结果是_____。

```
#include <iostream>
using namespace std;
void main()
```

```
    {
        char   s[]="abcdefg";
        char *p;                    //声明字符型指针 p
        p=s;                        //将字符串的首地址赋给 p，则 p 指向字符串的头一个元素
        cout<<*(p+5)<<endl;         // *(p+5)代表指针 p+5 指向的数组元素，等价于 s[5]
    }
```

4. 以下程序运行后，输出结果是_____。

```
    #include <iostream>
    using namespace std;
    void main()
    {
        int a[]={2, 3, 4};
        int s, i, *p;
        s=1;
        p=a;                //将数组的首地址赋给指针变量 p，则 p 指向数组下标为 0 元素
        for(i=0; i<3; i++)  // for 循环开始，每循环一次，变量 s 在原来的基础上乘以*(p+i)
            s*=*(p+i);      //指针 p+i 指向数组下标为 i 的元素，*(p+i)代表 a[i]
        cout<<s<<endl;      //输出 s
    }
```

5. 以下程序运行后，输出结果是_____。

```
    #include <iostream>
    using namespace std;
    void main()
    {
        int *p1, *p2, *p, a=3, b=5;
        p1=&a;   p2=&b;                 //指针 p1 指向 a，p2 指向 b
        if(*p1<*p2)                     //如果 a<b(*p1 代表 a，*p2 代表 b)
        {
            p=p1;   p1=p2;   p2=p;       //交换指针 p1、p2 的指向
        }
        cout<<a<<"     "<<b<<endl;      //用变量名输出 a、b
        cout<<*p1<<"     "<<*p2<<endl;  //用指针法输出 a、b (*p1 代表 b，*p2 代表 a)
    }
```

四、程序填空题

要求：将程序补充完整，调试通过。

1. 以下函数的功能是删除字符串 s 中的所有数字字符。请填空。

```
    void dele(char *s)
    {
```

```
        int n=0, i;
        for(i=0; s[i]; i++)
        if(_____)
            s[n++]=s[i];
        s[n]=_____;
    }
```

2. 以下函数返回 a 所指数组中最小值的下标，请填空。

```
    int fun(int *a, int n)
    {
        int i, p=0;
        for(i=1; i<n; i++)
            if(a[i]<a[p])
                _____;
        return(p);
    }
```

五、编程题

要求：所有题目用指针处理。

1. 编写函数，将一维数组由大到小排序。

2. 编写 input()函数，完成一维实型数组的输入；并编写函数 find()函数，输出其中的最大值、最小值和平均值。

3. 若有 char *p="1234567890"，反复从键盘上输入字符串(循环结构)，若输入的字符串大于指针 p 指向的这个串，则输出"larger!"；如果小于指针 p 指向的这个串，则输出"smaller!"，直到用户输入"1234567890"时程序结束。

提示：键盘上输入字符串使用 gets()函数数据定义语句 char a[80], *pt=a;。

4. 编写程序，将字符指针指向的字符串"computer"从第一个字符开始间隔地输出。

5. 编写程序，在 N 个字符串中查找一个字符串，如果找到则输出"找到了"，否则输出"没找到"，要求使用行指针完成。

提示：主函数定义二维数组、行指针和要查找的字符串 char str[N][20], (*p)[20]=str; ，假设要查找的字符串为

    char *ptfind="c++"

6. 输入一个字符串存入一维数组中，编写函数，统计字符串的长度。

提示：定义语句为 char str[100], *pt=s; int n=0;。

第 7 章　构造数据类型

数组是一种用户构造型的数据类型，数组中的每一个元素都属于同一种数据类型，当处理大量的相同类型的数据时，利用数组很方便。然而，在实际应用中，常常有许多不同类型的数据作为一个有机整体存在，比如与日期有关的年、月、日，一个学生的自然信息等，如果能够把这些有关联的数据有机地结合起来并能利用一个变量(数组或指针)来管理，将会大大提高对这些数据的处理效率。C/C++ 语言中提供了结构体数据类型、共用体数据类型和枚举数据类型用来描述用户自定义的数据结构。

7.1　结构体类型

7.1.1　结构体类型的定义

结构体类型是一种较为复杂但却非常灵活的构造型数据类型。一个结构体类型由若干个称为成员(或域)的成分组成。其中，结构体类型的成员允许为不同的数据类型，在 C 程序中使用保留字 struct 定义结构体类型。结构体类型定义格式如下：

```
struct  结构体类型名
{
    类型名 1  成员名 1;
    类型名 2  成员名 2;
    ……
    类型名 n  成员名 n;
};
```

说明：

(1) 结构体类型定义可以在程序的开头、函数外部、函数体中。但习惯是在程序开头，如果是大型软件，结构体类型集中作为头函数存放在工作路径中，其文件扩展名最好用 .h。

(2) 结构体类型名的命名应该符合 C 语言中标识符的命名规则。

(3) 结构体类型的成员表列用花括弧括起来，结构体类型定义完成时使用分号结束。

(4) 结构体类型各成员的定义方法与变量相同，可以是 C 语言提供的任何数据类型，成员名的命名规则也与变量相同，各成员定义之间用分号分隔开。

例如，在学生成绩管理信息系统中，一个学生的信息可以包括姓名、性别、年龄和成绩等数据项，这些数据类型不同，可以将其定义成一个结构体类型。其中，姓名、性别等数据项均称为结构体类型的成员。那么，一个学生的信息就是一条记录。例如，定义表示学生信息的结构体类型：

```
struct student
{
    char name[20];
    char sex;
    int age;
    float score;
};
```

以上用户定义的结构体类型 student，包含姓名(字符数组)、性别(字符型)、年龄(整型)和成绩(单精度浮点型) 4 个成员。

用户可以根据需要定义自己的结构体类型数据。定义结构体类型时应注意以下几点：

(1) 结构体类型成员可以是任何基本数据类型的变量，如 int、char、float 和 double 型等。

(2) 结构体类型成员也可以是数组、指针类型的变量。例如：

```
struct list
{
    int data[2];
    char c1;
    char *next;
};
```

(3) 在 C++ 中，定义结构体类型时其各个成员所占空间的大小必须是确定的，从而相应类型的结构变量所占空间的大小是相对确定的。结构体类型 student 的长度为 20 + 1 + 4 + 4 = 29，但由于计算机是按"字长"分配存储空间的，字长是 16/32 的倍数。

(4) 在同一结构体类型内各成员的名称不能相同，但不同结构体类型中的成员名可以相同，并且结构体类型的成员名可以与程序中的变量名相同。

7.1.2　结构体类型变量的定义

定义结构体类型其实只是构造一种特定数据类型，其本身并不是变量，没有占用实际的内存空间，更不能作为数据在表达式中使用。用户可以使用相应的结构体类型定义结构体类型变量来处理数据。系统为结构体类型变量分配与结构体类型各成员长度总和相同的存储单元。使用结构体类型变量同样必须先定义，后使用。结构体类型变量的定义方法有以下几种：

(1) 先定义结构体类型，然后再定义结构体类型变量。

这种结构体类型变量的定义格式为

```
struct 结构体类型名
{
    类型名 1  成员名 1;
    类型名 2  成员名 2;
    ……
    类型名 n  成员名 n;
```

```
};
结构体类型名  变量名;
```

例如，假设已经定义了 7.1 节中的结构体类型 student，则可用此类型名定义变量。

```
struct student stu1, stu2;
```

变量 stu1、stu2 为 student 类型的变量，它们分别占用 29 B 存储数据，具体的内存结构图如图 7.1 所示。

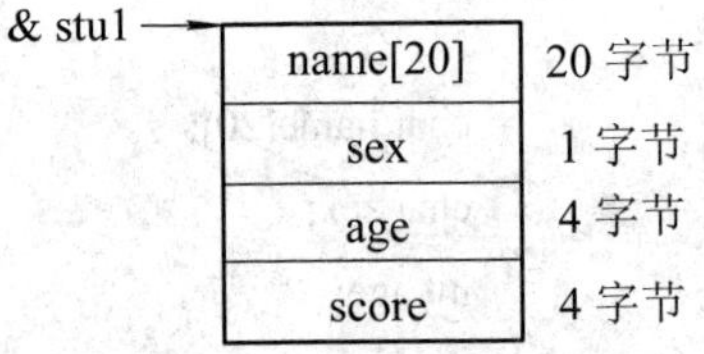

& stu1 →	name[20]	20 字节
	sex	1 字节
	age	4 字节
	score	4 字节

图 7.1　结构体类型变量的
　　　　内存分配模式

(2) 在声明类型的同时定义变量。

其定义格式为

```
struct  结构体类型名
{
    类型名 1  成员名 1;
    类型名 2  成员名 2;
    ......
    类型名 n  成员名 n;
}变量名;
```

例如：

```
struct student
{
    char name[20];
    char sex;
    int age;
    float score;
}stu1, stu2;                    //定义结构体类型变量 stu1, stu2
```

(3) 直接定义结构体类型变量，没有结构体类型名。

其定义格式为

```
struct
{
    类型名 1  成员名 1;
    类型名 2  成员名 2;
        ......
    类型名 n  成员名 n;
}变量名;
```

这种方法并不给出结构体类型名，而直接定义变量。例如：

```
struct
{
    char name[20];
    char sex;
```

```
            int age;
            float score;
        }stu1, stu2;
```

关于结构体类型与结构体类型变量的说明：

(1) 类型与变量是不同的概念。对结构体类型变量来说，结构体类型是用户根据程序中处理的数据定义的，然后再用该结构体类型定义结构体类型变量。如同使用系统的基本类型定义 int a, b 一样，系统给变量分配内存单元，而不给类型分配单元，操作也只能对变量进行。

(2) 结构体类型变量的存储类别和普通变量一样，即它们可以是全局型、自动型、静态型的三种存储类别。编译系统根据其所处的位置为其分配一定结构体类型的存储空间。结构体类型变量没有 register 存储类别。

(3) 对结构体类型变量的成员分配存储空间时，是按结构体类型说明的成员顺序进行的。

(4) 结构体类型中的成员也可以是一个结构体类型，即结构体类型可以嵌套说明。例如，学生的年龄改为出生日期，出生日期也定义为一个结构体类型，则结构体类型 student 说明如下：

```
        struct date
        {
            int year;
            int month;
            int day;
        };
        struct student
        {
            char name[20];
            char sex;
            struct date birthday;
            float score;
        }stu1, stu2;
```

在 struct student 说明中，引用到的成员 birthday 也是结构体类型。这里要求 struct date 必须先定义，出现在 struct student 之前。

(5) 结构体类型中的成员(如果成员仍然是结构体类型变量，则指的是最底层的成员)，如同普通变量一样可以进行赋值、存取或运算。

7.1.3　结构体类型变量的初始化

结构体类型变量初始化如同简单变量一样，需要注意的是，结构体类型的各成员的类型和定义的顺序，以保证变量顺利取值。例如：

```
        struct student
```

```
    {
        char name[20];
        char sex;
        int age;
        float score;
    }stu={ "Wang Hong", 'F', 20, 90.0};
```

7.1.4　结构体类型变量成员的引用

结构体类型变量的引用通过对其每个成员的引用来实现，一般格式如下：

　　　　结构体类型变量名.成员名

其中 "." 是结构体类型成员运算符，它在所有运算符中优先级最高。

例如，结构体类型变量 stu1 中的成员可分别表示为

　　stu1.name　　　　　　//取成员 name 数组的首地址

　　&stu1.name[i]　　　　//取成员 name 数组第 i 个元素的地址

　　&stu1.score　　　　　//取成员 score 的地址

　　stu1.score　　　　　 //取成员 score 的值

若成员本身又属一个结构体类型，则需使用成员运算符，逐级表示，直到最低一级的成员，系统只能对最低级成员进行赋值或存取以及运算。例如，要引用结构体类型变量 stu1 的出生年、月、日时应该逐级引用。

　　stu1.birthday.year　　//出生年份

　　stu1.birthday.month　　//出生月份

　　stu1.birthday.day　　//出生日期

结构体类型变量不能作为一个整体进行输入、输出，下面的引用方法是非法的：

　　cout<<stu1.birthday<<endl;

结构体类型成员可像普通变量一样进行各种运算。例如：

　　stu2.score=stu1.score+10.0;

　　sum= stu2.score+stu1.score;

两个同类型的结构型变量可以直接互相赋值。例如上例中 stu1、stu2 均为 struct student 类型，则 stu1 可以通过 stu2 赋值。

　　stu1=stu2;　　　　　//表示将结构体 stu1 的每个成员赋给结构体 stu2 的对应成员

【例 7.1】　建立一个简单的学生信息表，包括姓名、性别、年龄及一门课程的成绩，并显示出来。

程序清单如下：

```
    #include <iostream>
    using namespace std;
    struct student
    {
        char name[20];
        char sex;
```

```
            int age;
            float score;
        }stu;
        void main()
        {
            cout<<"input name:";
            cin>>stu.name;
            cout<<"input sex:";
            stu.sex=getchar();
            cout<<"input age:";
            cin>>stu.age;
            cout<<"input score:";
            cin>>stu.score;
            cout<<"name:"<<stu.name<<", sex:"<<stu.sex<<", age:"<<stu.age<<", score:"<<stu.score<<endl;
        }
```

运行时输入：

```
    input name:Li Lin↙
    input sex:M↙
    input age:20↙
    input score:90↙
```

运行结果为

```
    name:Li Lin, sex:M, age:20, score:90.00
```

7.1.5　结构体类型数组的定义和初始化

1. 结构体类型数组的定义

结构体类型数组中的每个数组元素都是一个结构体类型的数据，例如，由 student 结构体类型组成的数组 stu，它们都分别包括各个成员。

```
    struct student
    {
        char name[20];
        char sex;
        int age;
        float score;
    }stu[3];
```

以上定义了结构体类型数组 stu，其元素为 struct student 类型数据，数组中共含三条记录。与结构体类型变量的定义方式类似，结构体类型数组还可以使用如下两种方式定义：

```
    struct student
    {
        char name[20];
```

```
        char sex;
        int age;
        float score;
    };
    struct student stu[3];
```
或
```
    struct
    {
        char name[20];
        char sex;
        int age;
        float score;
    }stu[3];
```

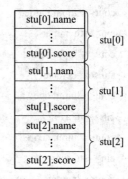

图 7.2　结构体类型数组存放方式

结构体类型数组与普通数组相同，在内存中是连续存储的，其存放方式如图 7.2 所示。

2．结构体类型数组的初始化

结构体类型数组的初始化相当于给若干个结构体类型变量初始化，因此，只要将各元素的初值顺序放在内嵌的花括号中。

例如：
```
    struct student
    {
        char name[20];
        char sex;
        int age;
        float score;
    }stu[3]={{"Wang Hong", 'F', 20, 90.0 },
    {"Li Ming", 'M', 19, 86.0}, {"Sun Mei", 'F', 21, 83.0}};
```

如同数组初始化一样，定义结构体类型数组时其长度可以不指定(隐含大小)，在编译时系统会根据给出的结构体类型元素初值的个数来确定数组元素的长度。例如：
```
    struct student stu[]={{"Wang Hong", 'F', 20, 90.0},
    {"Li Ming", 'M', 19, 86.0}, {"Sun Mei", 'F', 21, 83.0}};
```

7.1.6　结构体类型数组元素的引用

下面通过一个例子来说明结构体类型数组元素的引用。

【例 7.2】　统计三名学生的平均成绩，并统计不及格人数。

程序清单如下：
```
    #include <iostream>
    using namespace std;
```

```
#include <iomanip>
struct student
{
    char name[20];
    char sex;
    int age;
    float score;
}stu[3]={{ "Wang Hong", 'F', 20, 90.0}, {"Li Ming", 'M', 19, 50.0},
        {"Sun Mei", 'F', 21, 83.0}};
void main()
{
    int i, n=0;
    float ave, sum=0.0;
    for(i=0; i<3; i++)
    {
        sum+=stu[i].score;
        if(stu[i].score<60)
        {
            cout<<stu[i].name<<"不及格"<<endl;
            n++;
        }
    }
    ave=sum/3;
    cout<<"平均成绩为: "<<setprecision(3)<<ave<<", "<<"不及格人数为:"<<n<<endl;
}
```

运行结果为

Li Ming 不及格

平均成绩为：74.3，不及格人数：1

7.2　指向结构体类型数据的指针变量

7.2.1　指向结构体类型变量的指针

如同简单变量和数组一样，也可以定义该结构体类型指针指向其同类型变量，这时，指针就能够取得所指向的结构体类型变量在内存的值。

1. 结构体类型指针变量定义

结构体类型指针变量定义格式为

struct 结构体类型名 *指针变量名;

例如，在前面的例 7.1 中定义了结构体类型变量 stu1，现定义指针变量 pstu 并指向变量 stu1。

```
struct student
{
    char name[20];
    char sex;
    int age;
    float score;
}stu={"Wang Hong", 'F', 20, 90.0};
struct student  *pstu=&stu;  // pstu 指向变量 stu
```

pstu →	WangHong	F	20	90.0

图 7.3　指向结构体类型的指针变量

pstu 取得变量 stu1 的首地址，pstu 和 stu 的关系如图 7.3 所示。

关于结构体类型变量的指针说明如下：

(1) 结构体类型指针变量必须要先赋值后才能使用，赋值是把结构体类型变量的首地址赋予该指针变量，不能把结构体类型名赋予该指针变量。如果 stu 是被说明为 student 类型的结构体类型变量，则 pstu=&stu; 是正确的，而 pstu=&student; 是错误的。

(2) 可以在定义 student 类型时同时定义指针 pstu。例如：

```
struct student
{
    char name[20];
    char sex;
    int age;
    float score;
}stu, *pstu;
pstu=&stu;
```

(3) 如果 pstu 的类型一旦定义，则它只能指向此类型的结构体类型变量，并不是指向结构体类型变量中的某一个成员。例如：

```
pstu=stu.name;                    //错误。因为它们的数据类型不同，stu.name 为 char 类型
```

当然，可以通过强制类型转换，使得它们转换成同类型。例如：

```
pstu=(struct student*)stu.name;   // stu.name 由 chat 类型转换成 struct student
```

2. 结构体类型指针变量的引用

指针变量指向某个结构体类型变量后，就可以利用该指针变量来存取该结构体类型变量的成员。常用的方式有两种：

(1) 利用指向运算符 "->" 来引用结构体类型变量的成员，其一般引用格式是

　　指针变量名->结构体类型成员名

注意：运算符 "->" 是由减号和大于号组成，C 语言把它们作为单个运算符处理。

假设，student 型指针变量 pstu 已指向结构体类型变量 stu，则通过 pstu 可以对 stu 的成员进行引用。例如：

```
        pstu->name          //引用 name 成员
        pstu->age           //引用 age 成员
        pstu->score         //引用 score 成员
```

(2) 利用成员运算符"."来引用结构体类型变量的成员，其一般引用格式是

　　　　(*结构体类型指针变量).成员名

例如：

　　　　(*pstu).name

　　　　(*pstu).age

　　　　(*pstu).score

应该注意(*pstu)两侧的括号不可少，因为成员符"."的优先级高于"*"。如去掉括号写成*pstu.name 则等效于*(pstu.name)，这样，意义就完全不同了。

说明："."运算符和"->"运算符都是二元运算符，它们和"( )""[ ]"一起处于最高优先级，结合性均为从左至右。

综上：引用结构体类型变量的成员的三种方法：

```
        结构体类型变量.成员名        //通过结构体类型变量名引用
        (*结构体类型指针).成员名      //通过结构体类型变量的指针引用
        结构体类型指针->成员名       //通过结构体类型变量的指针引用
```

下面举例说明结构体类型指针变量的应用。

【例 7.3】 通过指针变量引用结构体类型变量。

程序清单如下：

```cpp
#include <iostream>
#include <cstring>                 //包含 strcpy 函数
using namespace std;
struct student
{
    char name[20];
    char sex;
    int age;
    int score[3];
};
void main( )
{
    struct student stu, *p;
    int i;
    p=&stu;
    strcpy(p->name, "Li Lin");
    p->sex='M';
    p->age=19;
    p->score[0]=90.0;
```

```
        p->score[1]=80.0;
        p->score[2]=75.0;
        cout<<"name:"<<(*p).name<<endl<<"sex:"<<(*p).sex<<endl<<"age:"<<(*p).age<<endl;
        cout<<"score: ";
        for(i=0; i<3; i++)
            cout<<(*p).score[i]<< "   ";
    }
```

运行结果为

```
    name:Li Lin
    sex:M
    age:19
    score: 90   80    75
```

7.2.2　指向结构体类型数组元素的指针

指向结构体类型数组的指针取得的是结构体类型数组的首地址。

例如：

```
    struct student
    {
        char name[20];
        char sex;
        int age;
        float score;
    }stu[10];
    struct student *p;
    p=stu;
```

上例定义了指向结构体类型数组 stu 的指针变量 p，执行语句 p=stu;后即把数组的首地址赋给 p，也就是说，使指针变量 p 指向数组 stu 第 0 个元素。这样可以通过指针变量 p 引用数组 stu 的各个元素。

【例 7.4】　通过指针变量处理结构体类型数组。

程序清单如下：

```
    #include <iostream>
    #include<iomanip>
    using namespace std;
    struct student
    {
        char name[20];
        char sex;
        int age;
        float score;
```

```
    };
    void main( )
    {
        struct student *p, stu[3]={{"Wang Hong", 'F', 20, 90.0}, {"Li Ming", 'M', 19, 86.0},
                        {"Sun Mei", 'F', 21, 83.0}};
        p=stu;
        cout<<"name            sex     age     score"<<endl;
        cout.setf(ios::fixed);
        for(p=stu; p<stu+3; p++)
            cout<<setw(8)<<p->name<<setw(5)<<p->sex<<setw(5)<<p->age<<setw(8)<<
                <<setprecision(2)<<p->score<<endl;
    }
```

运行结果为

name	sex	age	score
Wang Hong	F	20	90.00
Li Ming	M	19	86.00
Sun Mei	F	21	83.00

7.2.3　函数间结构体类型数据的传递

结构体类型变量或结构体类型指针可以作为函数的参数或函数的返回值引用，这时结构体类型变量可以整体引用。

当函数的形参需要使用一个结构体类型变量时，一般有两种处理办法：

1．传递一个结构体类型变量

将函数的形参定义成一个结构体类型的变量，调用时实参传递一个结构体类型变量，在函数调用的过程中，结构体类型变量的各个成员都要作为参数一一传递，因此，系统的开销较大，程序效率相对较低，见例 7.5 以 1 个数据为例。

【例 7.5】　通过函数调用，输出结构体类型变量的各个成员值。

程序清单如下：

```
    #include <iostream>
    #include<iomanip>
    using namespace std;
    struct student
    {
        char name[20];
        char sex;
        int age;
        float score;
    };
```

```
void print(struct student stu);
void main( )
{
    struct student stu={"Wang Hong", 'F', 20, 90.0};
    print(stu);
}
void print(struct student stu)    //形参 stu 接收实参全部数据
{
    cout<<setw(10)<<stu.name<<setw(5)<<stu.sex<<setw(5)<<stu.age<<setw(8)<<stu.score <<endl;
}
```

运行结果为

```
Wang Hong    F    20        90.00
```

2. 传递一个结构体类型的指针

将函数的形参定义成一个指向结构体类型变量的指针，调用时实参传递一个结构体类型变量的地址。由于在函数调用的过程中，参数传递只是一个地址，因此，系统的开销较小，程序效率相对较高。

【例 7.6】　通过函数调用，修改结构体类型变量的各个成员的值。

程序清单如下：

```
#include <iostream>
#include<iomanip>
#include <cstring>
using namespace std;
struct student
{
    char name[20];
    char sex;
    int age;
    float score;
};
void change(struct student *p);
void main( )
{
    struct student *p, stu[3]={{ "Wang Hong", 'F', 20, 90.0}, {"Li Ming", 'M', 19, 50.0},
                        {"Sun Mei", 'F', 21, 83.0}};
    cout<<"   name    sex age      score"<<endl;
    cout.setf(ios::fixed);
    for(p=stu; p<stu+3; p++)
     cout<<setw(9)<<p->name<<setw(4)<<p->sex<<setw(4)<<p->age<<setw(10)<<setw(8)
```

```
        <<setprecision(2)<<p->score<<endl;
    p=&stu[1];                          //指针重新指向第 2 个元素
    change(p);                          //调用函数时实参为指针 p
    cout<<"***************************"<<endl;
    cout<<setw(9)<<(*p).name<<setw(4)<<(*p).sex<<setw(4)<<(*p).age<<setw(8)
        <<setprecision(2)<<(*p).score<<endl;
}
void change(struct student  *p)   //形参为结构体类型指针，接收 p 传递的第 2 个元素的地址
{
    strcpy(p->name, "Li Li");           //通过指针修改姓名
    p->score=92.0;                      //通过指针修改成绩
}
```

运行结果为

```
name        sex    age    score
Wang Hong    F      20     90.00
Li Ming      M      19     50.00
Sun Mei      F      21     83.00
***************************
Li Li        M      19     92.00
```

说明：第 2 个元素的两个成员的值被函数改动。

7.3 动态分配和撤销内存空间

程序中，常常需要动态分配和释放内存空间，在 C 语言中是利用 malloc()函数和 free()函数来实现的。malloc()函数的功能是动态分配，其特点是需要预先知道应该分配的内存空间的大小，其调用形式为 malloc(size)，size 是分配的字节数，用户可以给定具体数，也可以用 sizeof 运算来测定。free()函数功能是释放内存空间。

C++ 中提供了功能更强大的运算符 new 与 delete。new 的功能是动态分配，比 malloc()更简练，可自动确定对象的正确长度并返回正确的类型指针。另外，建立类型对象时，new 自动调用类的构造函数。delete 自动调用类的析构函数，释放内存空间。关于类对象、类构造函数和类析构函数将在第 10 章中讲解。

1. 运算符

1) new 运算符

new 运算符的格式：

    指针变量=new 类型[(初值)]

说明：由 new 运算符申请到的内存空间(首地址)赋给指针变量，返回一个相应类型的指针。同时，还将初值直接存放到内存空间中。操作方式有两种，分别是：

(1) 先定义指针变量，之后再分配存储空间。

例如：

　　　float *f;　　　　　　　　//定义实型指针

　　　f=new float;　　　　　　//分配 1 个存储实型数据的空间，没有给出初值

或

　　　f=new float(3.14159);　//分配 1 个存储实型数据的空间，并存入数据 3.14159

又如：

　　　char *ch;　　　　　　　//定义字符型指针

　　　ch=new char;　　　　　//分配一个存储字符数据的空间，返回 1 个指向字符数据的指针

或

　　　ch=new char[10];

　　　//分配一个长度为 10 的一维字符数组的空间，返回 1 个指向字符数组的指针

(2) 在定义指针变量的同时分配存储空间。这种方式相当于初始化。

例如：

　　　float *f=new float;　　//定义指向实型数据的指针，并获取到存储空间

或

　　　float *f=new float(3.14159);

　　　　　　　　　　　//定义指向实型数据的指针，并在获取到存储空间的同时存入初值 3.14159

又如：

　　　char *ch=new char;　　//分配存储 1 个字符数据的空间，返回 1 个指向字符数据的指针

或

　　　char *ch=new char[10]; //分配一个长度为 10 的一维字符数组的空间，返回 1 个指向字符数组的指针

　　　说明：动态分配一维整型数组的空间，返回一个指向整型数组的指针后，p 就像 int p[10] 一样，来使用 p。但是这里是动态分配的空间，在用完以后，可以撤销动态分配的空间，而第 4 章定义数组的长度：int p[10]所分配的空间是静态的。

2) delete 运算符

功能：delete 运算符释放用 new 分配的存储空间。

delete 运算符使用格式也有两种，分别为释放指针变量或指针数组。其格式分别为

　　　delete 被释放指针变量;

　　　delete []被释放的数组;

例如：

　　　delete p;　　　　　//释放的是变量 p 的存储空间

　　　delete ch;　　　　　//释放的是变量 ch 的存储空间

　　　delete 释放的是数组时，应该在指针变量前带 "[]"，以表示要回收的是数组而不是单个基本类型对象。

例如：

　　　delete []ch;　　　　//释放的是一个数组 ch 的存储空间

　　　delete []p;

【例 7.7】　开辟存储空间以存放一个结构体变量。

程序清单如下：

```
#include <iostream>
#include <cstdio >
using namespace std;
struct Student                      //声明结构体类型 Student
{
    char    name[9];
    int num;
    char sex;
};
int main( )
{
    struct Student *p;              //定义指向结构体类型 Student 的数据的指针变量
    p=new Student;                  //用 new 运算符开辟一个存放 Student 型数据的空间
    strcpy(p->name, "Wang Fun");    //向结构体变量的成员赋值
    p->num=10123;
    p->sex='m';
    cout<<p->name<<endl<<p->num<<endl<<p->sex<<endl; //输出各成员的值
    delete p;                       //撤销该空间
    return 0;
}
```

运行结果是

```
Wang Fun
10123
m
```

先声明一个结构体类型 Student，在主函数中定义了一个指向 Student 类型的指针变量 p，用 new 分配用于存储 Student 类型数据的存储空间，空间的大小由系统根据 Student 类型确定，返回一个指向 Student 类型的指针，存储在 p 中，然后就是给结构体的成员变量赋值。最后用 delete 运算符，释放被分配的存储空间。

提示：当用 new 分配存储空间失败时，返回的是一个空指针 NULL，可以用 NULL 来判断分配存储空间是否成功。

2. 函数

在 C 程序中使用得最多的便是"自动变量"。而对自动变量的存储分配并不是在编译时完成，而是在程序运行时根据需要动态地进行。malloc()、calloc()和 free()这三个函数都定义在头文件"stdlib.h"中。因此，如果在 C 环境下使用动态内存，一定要包含"stdlib.h"头文件。下面介绍 C 语言的三个函数。

1) malloc 函数

其函数的原型为

```
void *malloc(unsigned int size)
```

功能：在内存的动态存储区中分配一块长度为 size 字节的连续区域，size 是一个无符号数。如果申请成功，函数返回一个 void 类型的指针，即获得动态存储空间的首地址，否则返回空指针 NULL。

2) calloc 函数

其函数的原型为

```
void *calloc(unsigned n, unsigned int size)
```

功能：在内存动态存储区中分配 n 块长度为 size 字节的连续区域。如果申请成功，函数返回一个 void 类型的指针，即获得动态存储空间的首地址，否则返回空指针 NULL。calloc() 函数与 malloc() 函数的区别仅在于是否将分配的内存空间清零。

3) free 函数

函数 free 的原型为：

```
void free(void *p)
```

功能：与 malloc 正好相反，函数 free 的作用是将 p 所指向的存储空间归还(释放)给操作系统。作为一个良好的程序设计习惯，在动态申请的空间使用完毕之后，应立即将其释放。

注意：在用 free(p) 将 p 所指的空间释放之后，p 的值不变，即仍指向原来的存储空间。

new 与 delete 是运算符，成对使用，而 malloc 与 free 是一对函数，在 C++ 中，保持了对这对函数的支持。

* 7.4　结构体类型的应用——链表及其操作

7.4.1　链表

1. 递归结构

在结构体类型定义中不能包含自身，即不允许以自身类型的变量为其成员。但在结构体类型中可以用指向自身类型的指针作为成员，称为引用自身的结构。引用自身的结构是一种递归的结构体类型定义方式，这种方法可构造诸如队列、链表、树、图等动态数据结构。

例如：

```
struct node
{
    int data;
    struct node *next;
};
```

struct node 中的成员 next 定义为指向自身的指针类型，因此是一种递归的定义形式。

2. 链表的概念

到目前为止，当要处理"批量"数据时，我们都是利用数组来存储的。数组的大小一经定义便不能改变，当数据数量不定时，容易造成内存空间的浪费或缺乏。解决这个问题的方法是使用动态的数据结构，这种结构能够根据需要随时开辟存储单元，不需要时随时释放，从而比较合理地使用内存。链表正是这种动态的数据结构，在链表的每个节点中，除了要有存放数据本身的数据域外，至少还需要一个指针域，用它来存放下一个节点的地址，以便通过这些指针把各节点连接起来，从而形成如图 7.4 所示的链表。该链表中的节点类型与上面定义的类型是相同的。由于链表中的每个存储单元都由动态存储分配获得，故称这样的链表为"动态链表"(简称链表)。需要强调的是：在链表中，每个节点只能靠指针维系节点之间的连续关系，一旦某个元素的指针"断开"，后面的元素就再也无法寻找。

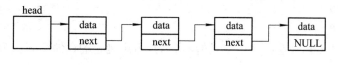

图 7.4　链表

7.4.2　简单链表

首先，通过一个例子来介绍如何建立和输出简单链表。

【例 7.8】　建立一个如图 7.4 所示的简单链表，它由三个学生数据的节点组成。输出各节点中的数据。

程序清单如下：

```
#include <iostream>
using namespace std;
#define NULL 0
struct student
{
    long num;
    float score;
    struct student *next;
};
void main()
{
    struct student a, b, c, *head, *p;
    a.num=99101; a.score=89.5;
    b.num=99103; b.score=90;
    c.num=99107; c.score=85;            //对节点的 num 和 score 成员赋值
    head=&a;                            //将节点 a 的起始地址赋给头指针 head
    a.next=&b;                          //将节点 b 的起始地址赋给 a 节点的 next 成员
    b.next=&c;                          //将节点 c 的起始地址赋给 b 节点的 next 成员
    c.next=NULL;                        // c 节点的 next 成员不存放其他节点地址
    p=head;                             //使 p 指针指向 a 节点
```

```
        do
        {
            cout<<p->num<<", "<<p->score<<endl;        //输出 p 指向的数据
            p=p->next;                                  //使 p 指向下一节点
        }while(p!=NULL);                                //输出完 c 节点后 p 的值为 NULL
    }
```

运行结果为

99101, 89.5

99103, 90.0

99107, 85.0

本例中所有节点都是在程序中定义的, 各节点占用确定的存储空间, 使用完后并不释放。

7.4.3　建立动态链表

建立链表是链表的一个最基本的操作, 我们要建立一个关于学生成绩的链表, 链表中的节点类型定义为

```
        struct stu
        {
            int num;
            float score;
            struct stu *next;
        }
```

其中, num 表示学生的学号, score 表示学生的分数, next 是指针域。建立链表的算法为

(1) 生成一个节点并输入数据, 如果数据域非空, 则使头指针指向该节点, 指针域置空。

(2) 生成新节点并输入数据, 然后将该节点插入链表。

(3) 重复步骤(2)直到结束输入。

(4) 将尾节点的指针域置空。

【例 7.9】 建立一个链表, 当输入的学生的学号为 0 时结束。提示: 调试函数要设计主函数。

程序清单如下:

```
        #include <iostream>
        using namespace std;
        #define NULL 0
        #define LEN sizeof(struct stu)
        struct stu
        {
            int num;
            float score;
            struct stu *next;
        };
```

```
    struct stu *creat()
    {
        struct stu *head, *p, *q;          // head 为头指针，p、q 为两个工作指针
        int number, k;
        head=NULL;                         //设定为空表
        k=0;                               //节点个数为 0
        cout<<"input the number of student(0 is end):";
        cin>>number;                       //读入一个学生的学号
        while(number!=0)                   //学号等于 0 为结束标志
        {
            k++;
            p=new stu;                     //动态申请一个新节点
            p->num=number;                 //写入节点的学号和成绩
            cout<<"input the score of student:";
            cin>>p->score;
            if(k==1) head=p;               //是第一个节点，则将地址保留在 head 中
            else q->next=p;                //否则链接到链表尾
            q=p;                           //移动指针 q 使其重新指向链表的尾节点
            cout<<"please input the number of next student(0 is end):";
            cin>>number;
        }
        p->next=NULL;                      //最后一个节点的指针域置为 NULL
        return(head);                      //返回链表的头指针
    }
```

运行时输入：

  input the number of student: (0 is end)101✓

  input the score of student: 80✓

  input the number of student: (0 is end)102✓

  input the score of student: 90✓

  input the number of student: (0 is end)103✓

  input the score of student: 85✓

  input the number of student: (0 is end)0✓

  creat()函数用于建立一个链表，它是一个指针函数，它返回的指针指向 stu 结构体类型。在 creat()函数内定义了三个 stu 结构体类型的指针变量。head 为头指针，p 总是指向当前构造的新节点，q 总是指向当前链表的尾节点，即链表中的最后一个节点。在 while 语句内，用运算符建立长度与 stu 长度相等的空间作为一节点，首地址赋予 p，输入节点的数据。然后把 p 指向的节点连接到尾节点的后面，指针连接体现到程序中，就是把新节点的地址放到尾节点的指针域 next 中，从而通过指针的指向达到了连接的目的。连接后要马上移动指针 q，使其重新指向尾节点。重复上述过程，直至输入的学生的学号为 0。这时指针 p 和 q

所指节点为当前的最后节点，其指针域应赋 NULL，空指针用于标志链表的结束。最后程序执行后建立的链表如图 7.5 所示。

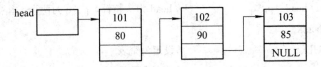

图 7.5　程序执行后建立的链表

7.4.4　遍历链表

将链表中各个节点的数据依次输出就是一种链表的遍历。

【例 7.10】　写一函数输出例 7.8 中建立的链表。

程序清单如下：

```
void output(struct stu *head)
{
    struct stu *p;                    // p 为工作指针
    if(head==NULL)
    {   cout<<"the list is empty!:";
        return;
    }
    p=head;                           // p 指向第一个节点
    cout<<"number    score";
    while(p!=NULL)                    //读到空指针标志链表的结束
    {
        cout<<p->num<<", "<<p->score<<endl; //输出节点的学号和成绩
        p=p->next;                    // p 后移一个节点
    }
}
```

程序中的形参为指向 stu 类型的指针 head，它取得了实参传递来的链表的头指针，p 是当前工作指针，先指向链表中的第一个节点，即头节点所指向的节点，这样通过 p 的移动从头到尾依次指向链表中的每个节点，当指针指向某个节点时，就输出该节点数据域中的内容，直到读到链表结束标志为止。

7.4.5　链表的插入操作

在链表中插入节点，首先要确定插入的位置。节点插在 p 所指的节点之前称为"前插"，节点插在 p 所指的节点之后称为"后插"，如图 7.6 所示。

对于图 7.6(a)，如果待插入的节点为 s，则插入操作的语句描述为

```
s=new stu;
q->next=s;
s->next=p;
```

其中语句 q->next=s; 对应图 7.6(a)中的①，语句 s->next=p 对应图 7.6(a)中的②。

对于图 7.6(b)，如果待插入的节点为 s，则插入操作的语句为

```
s= new stu;

s->next=p->next;

p->next=s;
```

其中语句 s->next=p->next; 对应图 7.6(b)中的①，语句 p->next=s 对应图 7.6(b)中的②。

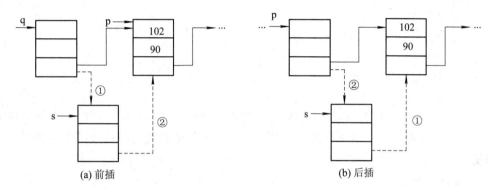

图 7.6 链表中插入节点

7.4.6 链表的删除操作

链表的删除是指从链表中摘下节点，并释放其存储空间。为了删除链表中的某个节点，首先要找到待删节点的前一个节点，然后将此节点的指针域指向待删节点的后一个节点，最后释放被删节点所占存储空间即可，如图 7.7 所示。

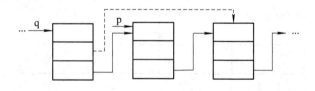

图 7.7 链表中删除节点

对于图 7.7，如果待删除节点为 p，q 指向 p 的前一个节点，删除操作的语句为

```
q->next=p->next;

delete p;
```

7.5 共用体类型

共用体类型又称为联合型，它是把不同类型的数据项组成一个整体，这些不同类型的数据项在内存中所占用的起始单元是相同的。例如，把一个整型变量、一个字符型变量和一个实型变量放在同一个地址开始的内存单元中。以上三个变量在内存中占用的字节数不同，但都从同一地址开始。这是使用覆盖技术，几个变量互相覆盖。

7.5.1 共用体类型变量的定义

共用体类型变量的定义格式与结构体类型的定义格式相同，只是其关键字不同，定义共用体类型的关键字为 union。

```
union  共用体类型名
{
    类型名 1  成员名 1;
    类型名 2  成员名 2;
     ……
    类型名 n  成员名 n;
}变量表列;
```

共用体类型变量的定义格式同结构体变量的三种格式完全相同，同时，系统为共用体类型变量分配内存单元。所不同的是，共用体类型变量的长度为所有成员中最长的成员的数据长度。例如：

```
union data
{
    short int i;
    float f;
    char ch;
}a, b, c;
```

该形式定义了一个共用体类型数据类型 union data，定义了共用体类型数据类型变量 a、b、c，各变量分别得到 4 个字节的内存单元。各成员内存的存储形式如图 7.8 所示。

图 7.8 共用体类型变量在内存中的存储形式

共用体类型数据类型与结构体类型在形式上非常相似，但其表示的含义及存储是完全不同的。

【例 7.11】 测示共用体类型和结构体类型的长度。

程序清单如下：

```
#include <iostream>
using namespace std;
union data1
{   int i;
    float f;
    char ch;
```

```
        } ;
        struct data2
        {
            int i;
            float f;
            char ch;
        };
        void main()
        {
            cout<<sizeof(struct data2)<< ", "<<sizeof(union data1)<<endl;
        }
```
运行结果为
        12, 4

7.5.2　共用体类型变量的引用

若有共用体类型定义：
```
        union data
        {
            short int i;
            float f;
            char ch;
        }a, *pa;
```
其成员引用为
        a.i   a.f   a.ch
或   pa->i   pa->f   pa->ch

共用体类型数据可以在同一内存区对不同数据类型交替使用，增加灵活性，节省内存。其特点概括为

(1) 不能同时引用几个成员，在某一时刻，只能使用其中之一的成员，即引用的类型必须是最近存储的类型。若引用的类型不同于存储的类型，将会出现数据错误，其结果与具体计算机相关。

【例 7.12】　共用体类型变量的引用。

程序清单如下：
```
        #include <iostream>
        using namespace std;
        union data
        {   int i;
            char ch;
            float f;
        };
```

```
void main()
{
    union data a;
    a.i=10;
    a.ch='A';
    a.f=123.456;
    cout<<"a.i="<<a.i<<endl;
    cout<<"a.ch="<<a.ch<<endl;
    cout<<"a.f="<<a.f<<endl;
}
```

运行结果为

```
a.i=-11234477881
a.ch=y
a.f=123.456
```

可见，对共用体类型变量 a 的成员 f 的引用是有意义的，而对成员 i 和 ch 的引用则是无意义的。这是因为对共用体类型变量 a 的最近一次赋值是对其成员 f 进行的，它使得以前对其成员 i 和 ch 的赋值变得无效。

共用体型变量得到的内存单元，为所有成员共用。在使用成员数据的过程中，后引用的成员的值会覆盖前一个成员的值，最后完成引用时，该内存单元存的是最后引用的成员的值。

(2) 共用体类型变量不能初始化，不能在定义时对共用体类型变量赋值。例如，以下的引用是非法的。

```
union data
{
    int i;
    char ch;
    float f;
}a={1 , 'a', 1.5};
```

(3) 共用体类型变量不能作为函数参数，但可使用指向共用体类型变量的指针。

(4) 共用体类型可出现在结构体类型定义中，结构体类型也可出现在共用体类型定义中，它们可以互为基类型。

【例 7.13】　共用体类型和结构体类型互为基类型。

程序清单如下：

```
#include <iostream>
using namespace std;
void main()
{
    union example
```

```
    {
        struct
        {
            short int x;
            short int y;
        }in;                    // in 是结构体类型的一个变量，为共用体的一个成员
        short int a, b;
    }ex;                        // ex 是共用体类型变量
    ex.a=1;
    ex.b=2;
    ex.in.x=ex.a*ex.b;
    ex.in.y=ex.a+ex.b;
    cout<<ex.in.x<<", "<<ex.in.y<<endl;
    }
```

运行结果为

    4, 8

下面用指针方式改写例 7.13：

```
    #include <iostream>
    using namespace std;
    struct   s1
    {
        short int x;
        short int y;
    };
    union example
    {   struct s1 in;
        short   int a ;
        short   int b;
    }ex;
    void main()
    {   union example *p=&ex;
        p->a=1;
        p->b=2;
        p->in.x= p->a* p->b;
        p->in.y= p->a+ p->b;
        cout<<p->in.x<<", "<<p->in.y<<endl;
    }
```

7.6 枚 举 类 型

在实际问题中，有些变量的取值被限定在一个有限的范围内。例如，一个星期只有七天，一年只有十二个月等。如果把这些变量说明为整型、字符型或其他类型显然是不妥当的。为此，C语言提供了一种枚举类型。在枚举类型的定义中列举出所有可能的取值，该类型的变量取值不能超过定义的范围。枚举类型是 ANSI C 新标准所增加的，枚举类型是一种基本数据类型，而不是一种构造类型，因为它不能再分解为任何基本类型。

7.6.1 枚举类型的定义

枚举类型定义的一般格式是

```
enum 枚举型名
{
    枚举常量表;
};
```

例如，定义一个表示颜色的枚举类型 color：

```
enum color{red, blue, green, yellow，black，white};
```

其中，enum 是标志枚举型定义的保留字；color 是枚举类型名；枚举常量也称为枚举元素，是用标识符命名的，这些标识符并不自动代表什么含义。例如，不因为写成 red，就自动代表"红色"，用什么标识符代表什么含义完全由用户决定，并在程序中作相应处理。枚举常量之间用逗号分隔，所有的枚举常量用一个大括号括起来，最后以分号结束。

枚举型变量的定义，可采用如下三种方式：

(1) enum   color{red, blue, green, yellow, black, white};
    enum color color1, color2;

(2) enum color{red, blue, green, yellow, black, white}color1, color2;

(3) enum {red, blue, green, yellow, black, white}color1, color2;

7.6.2 枚举类型变量的引用

(1) 如果枚举常量表中的枚举常量没有任何成员被赋初值，C 编译程序在对其初始化时，则从 0 开始以递增值依次赋给枚举常量表中的每个枚举常量。上述枚举元素 red、blue、green、yellow、black、white 的值分别为 0，1，2，3，4，5。

(2) 如果枚举常量表中某个枚举常量带有初值，那么其后相继出现的枚举常量的值将从该初始值开始递增。例如：

```
enum color{red=5, blue, green, yellow=2，black，white}
```

定义 red=5，yellow=2，以后的值顺序加 1。即 blue=6，green=7，而 black=3，white=4。

(3) 在 C 编译中，枚举元素按常量处理，故称枚举常量。它们不是变量，不能对它们赋值。例如：

blue=6;

是错误的。

(4) 枚举变量可以用定义它的枚举表中的枚举常量赋值。例如，在上面的定义中，red 的值为 5，blue 的值为 6，…，white 的值为 4。如果有赋值语句：color1=green;则 color1 的值为 7。这个整数是可以输出的。例如：

　　　printf("%d"，color1);

则将输出整数 7。

(5) 一个整数不能直接赋给一个枚举变量。例如，以下赋值是不合法的。

　　　color2=1;

由于它们属于不同的类型。应先进行强制类型转换才能赋值。例如：

　　　color2=(enum color)1;

则为合法赋值。它的意义是将整数 1 转换成枚举元素赋给 color2，相当于：

　　　color2=blue;

(6) 由于枚举常量和枚举变量都具有确定的值，因此它们可以在条件表达式中出现，枚举值的比较规则是：按其在定义时的顺序值进行比较。如果定义时未指定其值，则第一个枚举元素的值为 0。

若有 enum color{red=5, blue, green, yellow=2, black, white}，则下面的表述成立：

black<red	表达式值为真
blue<white	表达式值为假
green==yellow	表达式值为假
yellow!=white	表达式值为真

【例 7.14】 枚举型变量的引用。

程序清单如下：

```
#include <iostream>
using namespace std;
enum color{red=5, blue, green, yellow=2, black, white};        //定义枚举类型 color
enum workday {son=7, mon=1, tue, wed, thu, fri, sat};          //定义枚举类型 workday
void main()
{   enum color color1, color2;                //定义 color 枚举类型变量 color1、color2
    enum workday day1, day2;                  //定义 workday 枚举型变量 day1、day2
    color1=red;                               //为枚举类型变量 color1 赋初值为常量 5
    color2=color1;                            //为枚举型变量 color2 赋初值为常量 5
    day1=mon;                                 //为枚举类型变量 day1 赋初值为常量 1
    day2=wed;                                 //为枚举型变量 day2 赋初值为常量
    cout<<"color1:"<<color1<<", "<<"color2:"<<color2<<endl;
    cout<<"day1:"<<day1<<", "<<"day2:"<<day2<<endl;
    cout<<"red:"<<red<<", "<<"green:"<<green<<", "<<"blue:"<<blue<<endl;
    cout<<"mon:"<<mon<<", "<<"tue:"<<tue<<", "<<"wed:"<<wed<<", "<<"thu:"<<thu<<",
        "<<"fri:"<<fri<<", "<<"sat:"<<sat<<endl;
```

```
    }
```
运行结果为
```
    color1: 5, color2: 5
    day1: 1, day2: 3
    red: 5, green: 7, blue: 6
    mon: 1, tue: 2, wed: 3, thu: 4, fri: 5, sat: 6
```

7.7　C++ 中类类型的简单介绍

类是 C++ 中的一种数据类型，是面向对象程序的核心。在面向对象的程序设计中，程序的模块是由类构成的，类是数据和函数的封装体，是对所要处理的问题的抽象描述。类实际上相当于是用户自定义的数据类型，就像在 C 语言中的结构体一样，不同的是结构体中没有对数据的操作，类中封装了对数据的操作，利用自定义的类类型来定义变量，这个变量就称为类的对象(或实例/对象变量)，声明的过程称为类的实例化。

7.7.1　类的定义

在使用之前必须先定义类，类定义的一般格式是
```
    class  类名
    {
            Private:
                    私有成员数据和函数;        //既可含有数据又可含有函数
            Protected:
                    保护成员数据和函数;
            Public:
                    公有成员数据和函数;
    } [类的对象定义];
```
说明：

(1) class 是关键字，用于类的定义。

(2) 类名的命名规则，与 C 语言中的标示符的命名规则一致。

(3) 类中的数据(又称数据成员)和函数(又称成员函数)分为三种访问控制属性，使用控制修饰符 public(公有类型)、private(私有类型)、protected(保护类型)加以修饰。

(4) private、protected 和 public 是关键字，是对数据成员和成员函数的访问控制(又称为属性)，不分先后顺序，用于修饰在它们之后列出的数据成员和成员函数能被程序的其他部分访问的权限。默认的情况下为 private。在声明类时，并不一定三种控制类型的成员必须都有。

　① public：指定其后的成员是公有的。它们是类与外部的接口，任何外部函数都可以通过对象访问公有数据成员和成员函数。

　② private：指定其后的成员是私有部分。若省略关键字 private，则必须紧跟在类名称

后声明。类中的数据和函数若不特别声明，都被视为私有类型。

③ protected：保护类型，这种类型的数据也只能被类本身的成员函数访问，但可以被派生类继承(关于派生类继承请参考有关 C++ 的书籍)。

若类体中不含成员函数，如同 C 语言中结构体类型。例如：

```
class Time                    //使用 class 定义类名为 Time 的类
{
    public:                   //数据成员为公有的
      int hour;               //含有三个数据
      int minute;
      int sec;
};
```

这是最简单的例子。类 Time 中只有数据成员，而且是公有属性，因此可以在类外对这些数据操作。

说明：类如同结构体中的结构类型，系统并不给 Time 类类型分配内存单元，只有使用类定义变量(C++ 中称为对象变量，也称对象)在系统编译时分配内存单元，该内存单元是存放类类型数据的。

7.7.2 类的对象变量

类是一种自定义的数据类型，对象是声明为类类型的一个实例，即为变量。定义对象的一般格式有两种，分别是：

(1) 定义类的同时直接定义类的对象，即

```
class 类名
{
    成员变量;
    成员函数;
}对象名列表;
```

说明：对象名列表可以有一个系列，但每个对象之间用逗号分开。

(2) 先定义类，再定义类的对象，即

类名 类对象 1, [类对象 2, …];

(3) 建立对象数组。

类名 类对象数组[ ];

7.7.3 对象的公有成员的访问

类对象的数据成员的访问格式：

对象名.数据成员名

说明："."成员运算符，在结构体变量中使用过。

下例是使用 Time 类定义对象，完成三个数据成员的输入和输出。

【例 7.15】 对象的定义与"."点运算符的使用。

程序清单如下：

```cpp
#include <iostream>
using namespace std;
class Time                              //使用 class 定义类名为 Time 的类
{
    public:                             //数据成员为公用的
        int hour;                       //含有三个数据
        int minute;
        int sec;
};
int main( )
{
    Time t1;                            //定义 t1 为 Time 类对象
    cin>>t1.hour;                       //使用 "." 运算符访问数据，开始输入设定的时间
    cin>>t1.minute;
    cin>>t1.sec;
    cout<<t1.hour<<":"<<t1.minute<<":"<<t1.sec<<endl;   //输出时间
    return 0;
}
```

说明：

(1) t1 为 Time 类对象，主函数中向对象 t1 的数据成员(.hour、minute、sec)输入/输出指定的时、分、秒。

(2) 将上面类的定义和主函数合起来调试程序。

上面介绍的 Time 类体中只有数据成员，如同 C 语言中结构体，而 C++可以将一些基本操作函数放在类中声明，类外再定义它。类的成员函数描述的是类的行为(对数据成员的操作)，它是程序算法的一部分，是对封装在类中的数据唯一的操作途径。

在类定义时选择 public 方式，定义为公有的成员才能被访问，一般访问格式为

　　　　对象名.公有成员函数(实参);

例如，将 Time 类中加上输入/输出功能的成员函数，实现类的封装。成员函数分别是：void set_time( ) 和 void show_time( )。

```cpp
class Time
{
    public:
        void set_time( );           //声明公有成员函数，其功能是给三个数据输入值
        void show_time( );          //声明公有成员函数，其功能是输出三个数据
    private:                        //数据成员为私有
        int hour;
        int minute;
        int sec;
```

```
  };
```

说明：

(1) 两个成员函数的实现可以在类体内，但为使程序结构清晰，使用在类内声明类外实现方式为好。

(2) 成员函数为 public 公用属性，函数 void set_time( ) 和 void show_time( )就是一个类的外部接口，通过函数名可以访问类中的数据。

(3) 定义成员函数时，要使用域定义符 "::"，指明该成员函数属的类。成员函数代码如下：

```
  void Time::set_time( )      //在类外定义 set_time 函数，::为域运算符号
  {
      cin>>hour;
      cin>>minute;
      cin>>sec;
  }

  void Time::show_time( )            //在类外定义 show_time 函数
  {
      cout<<hour<<":"<<minute<<":"<<sec<<endl;
  }
```

说明：函数头 void Time::set_time( )的含义是说明该函数是 Time 类的成员函数，set_time 的返回值是 void 类型。

定义主函数，调用成员函数，代码如下：

```
  int main( )
  {
      Time t1, t2;          //定义对象 t1 和 t2 两个对象
      t1.set_time( );       //调用对象 t1 的成员函数 set_time，向 t1 的数据成员输入数据
      t1.show_time( );      //调用对象 t1 的成员函数 show_time，输出 t1 的数据成员的值
      t2.set_time( );       //调用对象 t2 的成员函数 set_time，向 t2 的数据成员输入数据
      t2.show_time( );      //调用对象 t2 的成员函数 show_time，输出 t2 的数据成员的值
      return 0;
  }
```

说明：

(1) 主函数通过对象调用成员函数时，应指明对象(t1.show_time( );)。

(2) 给 t1 和 t2 的数据(3 个成员)不同，成员函数的返回值也不同，执行程序时请输入：10　30　12 和 22　56　40 两组数据，分析其程序运行结果。

7.7.4　构造函数和析构函数

在类中存在两个特殊的函数：一个是构造函数，另一个是析构函数。构造函数是用来

进行数据成员初始化的，而析构函数是用来做最后清理工作的(例如申请的内存释放等)。这两个函数不需要显式的调用，在对象定义时系统自动完成调用。

1. 构造函数

构造函数是一个特殊的成员函数，主要用来初始化，如分配内存空间、赋初值。实际上如果我们不定义构造函数的话，默认的也有一个构造函数，只是这个构造函数不做任何初始化的工作，但构造函数是存在的。构造函数的函数名和类名相同，该函数没有返回值，所以也没有返回值的类型。构造函数的形式有带参的构造函数、默认值构造函数和带有初始化表的构造函数。另外，构造函数也可以重载。

构造函数的定义可以在类体中完成，也可以先在类体中声明，在类体外定义函数，也可以带上形式参数默认值。

【例 7.16】 构造函数的声明和定义。

程序清单如下：

```cpp
#include <iostream>
using namespace std;
class Time
{
    public:
    Time( );                    //定义构造成员函数，函数名与类名相同
    void set_time( );           //函数声明
    void show_time( );          //函数声明
    private:
    int hour;                   //私有数据成员
    int minute;
    int sec;
};
Time::Time( )                   //定义构造成员函数，函数名与类名相同，无参
{
    hour=0;                     //利用构造函数对对象中的数据成员赋初值
    minute=0;
    sec=0;
}

void Time::set_time( )          //定义成员函数，向数据成员赋值
{
    cin>>hour;
    cin>>minute;
    cin>>sec;
}
void Time::show_time( )            //定义成员函数，输出数据成员的值
```

```
        {
            cout<<hour<<":"<<minute<<":"<<sec<<endl;
        }
        int main( )
        {
            Time t1;                    //建立对象 t1，同时调用构造函数 t1.Time( )
            t1.set_time( );             //对 t1 的数据成员赋值
            t1.show_time( );            //显示 t1 的数据成员的值
            Time t2;                    //建立对象 t2，同时调用构造函数 t2.Time( )
            t2.show_time( );            //显示 t2 的数据成员的值
            return 0;
        }
```

运行程序输入：

　　12 33 2

输出结果为

　　12:33:2

说明：

(1) 主函数中建立对象 t1 的同时，系统自动调用构造函数，将 t1 中的三个数据成员初始化。

(2) 带参的构造函数形式是，形参要进行说明，例如，将上例中的构造函数改写成带参的构造函数，类体内的声明语句为 Time(int h , int m, int s);，类体内声明时指定参数 int h , int m, int s。

函数的定义形式为

```
        Time ::Time(int h , int m, int s )          //带参的构造成员函数
        {
            hour=h;                     //利用构造函数的形参给成员数据赋初值
            minute=m;
            sec=s;
        }
```

默认值构造函数是将参数的默认值赋给形参，将上例中的构造函数改写默认值构造函数，类体内函数的声明语句为

```
        Time(int h=12 , int m=10, int s=5 );        //默认值在类体的函数声明时给出
```

函数的定义形式为：

```
        Time ::Time(int h , int m, int s )          //有默认值的构造成员函数，定义时不出现默认值
        {
            hour=h;                     //利用构造函数的形参给成员数据赋初值
            minute=m;
            sec=s;
        }
```

2. 析构函数

析构函数也是一个特殊的成员函数，主要用来做清理和释放的工作，如内存空间的释放。同样如果我们不定义析构函数的话，系统会建立默认的析构函数，只是这个析构函数不做任何事情。析构函数的函数名是类名，但要在函数名前加"~"，并且该函数没有返回值，也没有返回值的类型，也没有形式参数。

析构函数体的定义与构造函数一样，可以在类体中定义，也可以在类体中先声明函数，在类体外定义析构函数体。注意，析构函数不能被重载。

【例 7.17】 先声明析构函数再定义析构函数体。

程序清单如下：

```
Time::~Time ()
{
    cout<<"这里删除"<<end1; //有输出语句，可以说明析构函数的执行过程。其实本语句没有意义
    delete [] tt;     //释放对象
};
```

7.7.5　指向对象的指针变量

定义一个指向对象的指针变量的方法，与定义指向基本类型的指针变量一样。其一般格式为

```
类名 *指针变量名;
```

例如：

```
Time   t1, *pt;
```

说明：指针 pt 定义指向一个 Time 类类型的对象，只有赋给它一个具体的对象的地址或动态分配内存空间(使用 new 运算符，下节出现)后，才能使用。其一般格式为

```
*pt=&t1;                    //指向对象 t1
```

指针也可以指向对象数组，例如：

```
Time tt[3], *pt1;           //定义 pt1
pt1=tt;                     //将 tt 数组的首地址赋给 pt1
```

可以使用指向类对象的指针访问类的公有成员。通过指针访问对象和对象的成员的方式有两种，分别是：

```
(1) (*pt).hour;             //访问 pt 所指向对象中数据成员 houtr
    (*pt).set_time();       //访问 pt 所指向的成员函数 set_time
(2) pt->hour;              //访问 pt 所指向对象中数据成员 houtr
    pt->set_time;          //访问 pt 所指向的成员函数 set_time
```

改写例 7.16 中的主函数：

```
int main( )
{
    Time t1, *pt;                      //建立对象 t1，同时定义指针 pt
    pt=&ti;                            // pt 指向对象 t1
```

```
        *pt.set_time( );                      //对 t1 的数据成员赋值，或 pt->set_time( );
        pt->show_time( );                    //显示 t1 的数据成员的值，或 *pt.show_time( );
        return 0;
    }
```

说明：将例 7.16 改写成使用指向对象的指针访问数据成员。

*7.8　用 typedef 定义类型的别名

C 语言不仅提供了丰富的数据类型，而且还允许由用户自己定义类型说明符，也就是说允许由用户为数据类型取"别名"。类型定义符 typedef 可用来完成此功能。例如：

```
        typedef int INTEGER;
```

就定义了一个新的类型名"INTEGER"，即 INTEGER 与 int 成为同义词。这以后就可用 INTEGER 来代替 int 作整型变量的类型说明了。即 INTEGER 能用在类型 int 出现的任何地方，且作用完全相同。例如：

```
        INTEGER i1, i2;        等价于    int i1, i2;
        INTEGER a[10], *p;     等价于    int a[10], *p;
```

用 typedef 定义数组、指针、结构体等类型将带来很大的方便，不仅使程序书写简单而且使意义更为明确，增强了可读性。

例如：

```
        typedef char NAME[20];
```

表示 NAME 是字符数组类型，数组长度为 20，可用 NAME 说明变量。

例如：

```
        NAME a1, a2, s1, s2;
```

等价于：

```
        char a1[20], a2[20], s1[20], s2[20]
        typedef char *STRING;
```

则定义了一个新类型名"STRING"，且其和类型 char *成为同义词，即 STRING 为字符指针类型。以后我们就可以用 STRING 来定义字符指针变量。

例如：

```
        STRING p, lines[10];
```

等价于

```
        char *p, *lines[10];
```

用 typedef 除了可以定义简单的数据类型外，还可以定义比较复杂的类型，这时用 typedef 定义的新类型名并不是紧跟在保留字 typedef 之后，且具体的语法也不太容易用一个语法表达式来描述。我们可以这样来描述 typedef 的用法：

如果要定义一个类型名，则首先定义一个与之同名的"同类型"的变量，然后再在该"变量的定义"前面加上保留字 typedef，则该"变量"名便上升成为"类型"名。例如：

```
        struct
        {
            int month;
            int day;
            int year;
        }DATE;
```
定义了一个结构体类型变量 DATE，而
```
        typedef struct
        {
            int month;
            int day;
            int year;
        }DATE;
```
则用 typedef 定义了一个相应的结构体类型名 DATE，经过这样定义后，就可以用 DATE 定义该结构体类型的变量了，例如：
```
        DATE date1, date2;
```
　　综上所述，使用 typedef 能为程序提供更多的可读信息，用一个适当的符号名表示一个复杂的结构体类型会增强程序的可读性。

　　使用 typedef 定义类型时要注意以下两点：

　　(1) 为了和 C 语言的保留字以及变量名相区别，用 typedef 定义的类型名通常总是用大写英文字母来命名。但必须强调的是，typedef 并不是"创建"了一个新的数据类型，它只是为现有的某些数据类型起了一个新的名字而已，并没有扩展 C 语言的数据类型。

　　(2) typedef 与 #define 有相似之处。但事实上，它们二者是不同的。#define 是在预处理阶段处理的，它只能做简单的字符串替换，而 typedef 是在编译阶段处理的。实际上它并不是做简单的字符串替换。

　　例如：
```
        typedef int INTEGER;
```
并不是用 INTEGER 去代替 int，而是采用如同定义变量的方法那样来定义一个类型。

7.9　综合程序设计举例(学籍管理程序)

　　【例 7.18】 设某组有 3 个人，填写如下的登记表(见表 7.1)，除姓名、学号外，还有 3 科成绩，编程实现对表格的计算，求解出每个人的 3 科平均成绩，并按平均成绩由高分到低分输出。

表 7.1　登　记　表

Numder	Name	English	Mathematice	Physics	Average
1001	Li ping	78	98	76	
1002	Wang ling	66	90	86	
1003	Yang ming	80	67	100	

结构体类型定义为共用模块,所以将其定义为外部的结构体类型,放在程序的最前面。

```
struct student                          //定义学生结构体类型
{
    char name[20];
    long numder;
    float score[4];                     //前 3 个元素为考试成绩,第 4 元素为平均成绩
};
      struct student stud[3];           //定义结构体类型数组
```

采用模块化程序设计方法,将问题分解为 6 个模块,其功能分别是:

(1) 结构体类型数组的输入,由函数 input 完成此功能。

(2) 求解各学生的 3 科平均成绩,由函数 aver 完成此功能。

(3) 按学生的平均成绩排序,排序算法采用冒泡法。由函数 order 完成此功能。

(4) 按表格要求输出,由函数 output 完成此功能。

(5) 求解组内学生单科平均成绩并输出,在输出表格的最后一行后,输出单科平均成绩及总平均。由函数 out_row 完成此功能。

(6) 定义 main()函数,调用各子程序。

程序清单如下:

```
#include <iostream>
#include<iomanip>
using namespace std;
#include <cstring>
const int    N=3;                              //定义常变量作为数组长度
struct student                                 //定义结构体类型
{
    char name[20];
    long number;
    float score[4];
};
void input(struct student stud[], int n);      //输入数据函数
void aver(struct student stud[], int n);       //求平均值函数
void order(struct student stud[], int n);      //排序数据函数
void output(struct student stud[], int n);     //输出数据函数
void out_row(struct student stud[], int n);            //求解组内学生单科平均成绩并输出函数
void main()
{
    struct student stud[N];                            //定义具有长度为 N 的结构体类型数组
    input(stud, N);                                    //依次调用自定义函数
    aver(stud, N);
    order(stud, N);
    output(stud, N);
```

```
        out_row(stud, N);
    }
    void input(struct student arr[], int n)              //输入结构体类型数组 arr 的 n 个元素
    {
        int i, j;
        for(i=0; i<n; i++)
        {
            cout<<"input name, number, English, mathmatic, physics: " <<endl;      //打印提示信息
            cin>>arr[i].name;                                          //输入姓名
            cin>>arr[i].number;                                        //输入学号
            for(j=0; j<3; j++)
                cin>>arr[i].score[j];                    //输入 3 科成绩
        }
    }
    void aver(struct student arr[], int n)              //求解各学生的 3 科平均成绩
    {
        int i, j;
        for(i=0; i<n; i++)
        {
            arr[i].score[3]=0;
            for(j=0; j<3; j++)
                arr[i].score[3]=arr[i].score[3]+arr[i].score[j];       //求和
                arr[i].score[3]=arr[i].score[3]/3;       //平均成绩
        }
    }
    void order(struct student arr[], int n)                      //按学生的平均成绩排序
    {
        struct student temp;
        int i, j;
        for(i=0; i<n-1; i++)
        for(j=0; j<n-1-i; j++)
        if(arr[j].score[3]>arr[j+1].score[3])
        {
            temp=arr[j];           //结构体类型变量不允许以整体输入或输出，但允许相互赋值
            arr[j]=arr[j+1];       //进行交换
            arr[j+1]=temp;
        }
    }
    void output(struct student arr[], int n)   //以表格形式输出有 n 个元素的结构体类型数组各成员
    {
        int i, j;
        cout<<"********************TABLE********************"<<endl;   //打印表头
```

```
        cout<<"----------------------------------------------------"<<endl;          //输出一条水平线
        cout<<"   Name        Numbe  English  Mathema  physics   average"<<endl;
        cout<<"----------------------------------------------------"<<endl;
        for (i=0;i<n;i++)
        {
            cout<<setw(8)<<arr[i].name<<setw(6)<<arr[i].number;          //输出姓名、学号
            for(j=0; j<4; j++)
                cout<<setw(9)<<setprecision(2)<<arr[i].score[j];          //输出 3 科成绩及 3 科的平均
            cout<<endl;
            cout<<"----------------------------------------------------"<<endl;
        }
    }
void out_row(struct student arr[], int n)          //对 n 个元素的结构体类型数组求单项平均
{
    float row[4]={0.0, 0.0, 0.0, 0.0};                    //定义存放单项平均的一维数组
    int i, j;
    for(i=0; i<4; i++)
    {
        for(j=0; j<n; j++)
            row[i]=row[i]+arr[j].score[i];          //计算单项总和
            row[i]=row[i]/n;                        //计算单项平均
    }
    cout<<"平均成绩为：   ";                        //按表格形式输出
    cout.setf(ios::fixed);
    for (i=0; i<4; i++)
    cout<<" "<<setw(8)<<setprecision(2)<<row[i];
    cout<<"\n----------------------------------------------------"<<endl;
}
```

程序运行结果如图 7.9 所示。

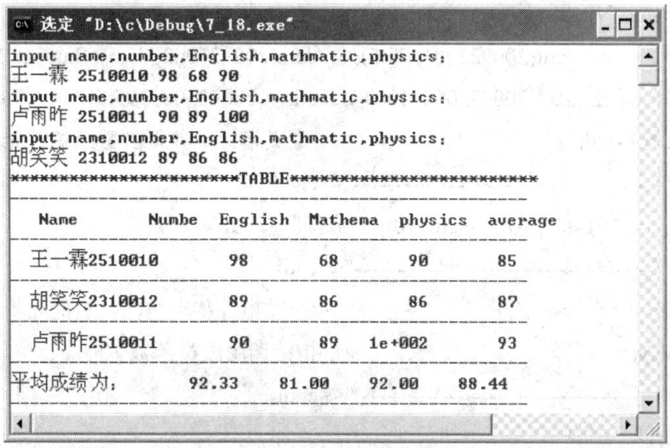

图 7.9　例 7.18 程序的运行结果

【例 7.19】 建立一个对象数组 stud，其中存放 5 个学生的数据(学号，成绩)，如指针变量 p 指向数组首元素，要求输出学生的成绩。

程序清单如下：

```cpp
#include <iostream>
#include<iomanip>
using namespace std;
const int    N=5;              //定义常变量作为数组长度
class Student
{
    public:
    Student( int n, float s);       //构造函数
    void display();
    private:
    int    num;
    float score;
};
Student:: Student( int n, float s)
{
    num=n;
    score=s;
}
void Student::display()
{
    cout<<setw(10)<<num<<setw(10)<<score<<endl;
}
int main()
{
    Student stud[N]={
                Student(200925001, 78.5), Student(200925002, 85.5), Student(200925003, 98.5),
                Student(200925004, 100.0), Student(200925005, 95.5)};     //定义数组并初始化
    Student *p=stud;                        //定义指针，并得到数组的首元素的地址
    cout<<"------------------------------------"<<endl;
    cout<<setw(10)<<"学号"<<setw(10)<<"成绩"<<endl;
    cout<<"------------------------------------"<<endl;
    for(int i=0; i<N; p=p++, i++)           //通过指针移动访问数组的元素
    p->display();                           //通过指针调用成员函数
    cout<<"------------------------------------"<<endl;
    return 0;
}
```

程序运行结果如图 7.10 所示。

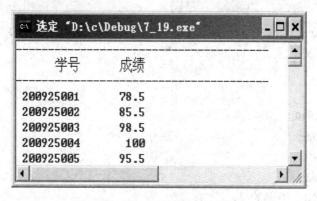

图 7.10 例 7.19 的程序运行结果

习 题 7

一、单项选择题

1. 设有以下定义语句，下列叙述中不正确的是( )。

```
struct ex
{
    int x; float y;    char z;   }example;
```

A. struct 是结构体类型的关键字 　　　　B. example 是结构体类型名

C. x、y、z 都是结构体类型成员名 　　　　D. ex 是结构体类型名

2. 以下对 C 语言中共用体类型数据的叙述正确的是( )。

A. 可以对共用体变量名直接赋值

B. 一个共用体变量中可以同时存放所有的成员

C. 共用体类型定义中不能出现结构体类型的成员

D. 一个共用体变量中不可以同时存放其所有的成员

3. 若有定义语句：

```
struct a
{
    int a1;
    int a2;}a3;
```

下列赋值语句中正确的是( )。

A. a.a1=4　　　　　B. a2=4　　　　　　　C. a3={4, 5}　　　　　D. a3.a2=5

4. 定义如下结构体类型变量和结构体类型指针：

```
struct sk
{
    int a;
    float b;}data, *p;
```

若指针 p 已经通过 p=&data;指向结构体类型变量 data，则引用 data 中 a 域的正确方式是(　　)。

　　A. (*p).data.a　　　　B. (*p).a　　　　C. p->data.a　　　　D. p.data.a

5. 设有如下定义：

```
struct ss
{
    char name[10];
    short int age;
    char sex;
}std[3], *p=std;
```

下面各输入语句中错误的是(　　)。

　　A. scanf("%d", (*p).age);　　　　　　B. scanf("%s", &std.name);

　　C. scnaf("%c", std[0].sex);　　　　　　D. scanf("%c", p->sex));

6. 以下对枚举类型 ss 的定义中，正确的定义是(　　)。

　　A. enum ss{A, B, C, D};　　　　　　B. enum ss{'A', 'B', 'C', 'D'};

　　C. enum ss={A, B, C, D};　　　　　　D. enum ss={'A', 'B', 'C', 'D'};

7. 设有如下说明：

```
typedef struct
{ int   n; char c; double x; } STD;
```

则以下选项中，能正确定义结构体类型数组并赋初值的语句是(　　)。

　　A. STD tt[2]={{1, 'A', 62}, {2, 'B', 75}};

　　B. STD tt[2]={1, "A", 62, 2, "B", 75};

　　C. struct tt[2]={{1, 'A'}, {2, 'B'}};

　　D. struct tt[2]={{1,"A", 62.5}, {2, "B", 75.0}};

8. 对于下列定义的枚举类型

```
enum colorl {yellow, green, blue=5, red, brown};
```

则枚举常量 yellow 和 red 的值分别是(　　)。

　　A. 3，6　　　　　B. 1，6　　　　　C. 0，6　　　　　D. 0，3

二、填空题

1. 设 union { int a;   char c[99]; }b; (提示：计算机是按机器"字长"分配存储空间的，字长是 16(或 32)的倍数，请读者注意)，则 sizeof(b)的理论值是＿＿＿＿。

2. 设 struct student

```
{
    short int no;
    char name[12];
    float score[3];
}s1, *p=&s1;
```

用指针变量 p 给 s1 的成员 no 赋值 1001 的方法是＿＿＿＿。

3. 若有以下定义语句：

```
union aa {float x; float y; char c[6];}
struct st {union aa v; float t[5]; double ave;} w;
```

则变量 w 在内存中分配成员空间的顺序是_____。

4. 设有类型说明：

```
enum color{red, yellow=4, white, black};
```

则执行语句 cout<<white ; 后的输出是_____。

5. 设有下列数据定义语句，

```
struct AB{int a; float b;} ab[2]={{4, 3}, {2, 1}}, *p=ab;
```

则表达式 ++p->b 的值是_____。

三、分析程序运行结果题

```
1.  #include <iostream>
   using namespace std;
   #include<cstring>
   const int N=5;
   struct person
   {
       char name[10];
       short int aeg;
   }leader[N]={"王林", 20, "李方", 19, "张博", 21, "吴海燕 ", 22, "吕岩", 23};
   void    main()
   {
       int i;
       bool flag=0;
       char leader_name[20];
       cin>>leader_name;
       for(i=0;i<N;i++)
       {
         if(strcmp(leader_name, leader[i].name)==0)
         {
             cout<<leader_name<<" 找到了，很高兴为您报务，再见！ "<<endl;
             flag=1;
             break;
         }
       }
       if(flag==0)
           cout<<leader_name<<" 不在这里，下次再合作，再见！ "<<endl;
   }
```

```
2. #include <iostream>
   using namespace std;
   #include <stdio.h>
   struct stu
   {
       long num;
       char name[10];
       short int age;
   };
   void fun(struct stu *p)
   {
       cout<<(*p).name<<endl;
   }
   void main()
   {
       struct stu students[3]={{200825001, "Zhang", 20}, {200825002, "Wang", 19},
                       {200825003, "Zhao", 18}};
       fun(students+2);
   }
3. #include <iostream>
   using namespace std;
   union
   {
       char *name;
       short int age;
       short int income;
   }s;
   void main()
   {
       s.name="Wangling";
       s.age=28;
       s.income=1000;
       cout<<s.age<<endl;
   }
4.  #include <iostream>
   using namespace std;
   union   myun
   {
       struct
```

```
        {
            short int x, y, z;
        } u;
            int k;
    } a;
    void main()
    {
        a.u.x=4;
        a.u.y=5;
        a.u.z=6;
        a.k=0;
        cout<<a.u.x<<endl;
    }
```

四、程序填空题

1. 输入一个学生的姓名和成绩，要求按指针引用方式输入和输出。

```
    #include <iostream>
    using namespace std;
    struct student
    {
        char name[20];
        short int_____;
    } stu, *p;
    void main()
    {
        p=_____;
        gets(p->name);
        cin>>stu.score;
        cout<< p->name<<", "<<p->score<<endl;
    }
```

2. 下面的程序是使用结构体类型来计算复数 x 和 y 的和，请填空。

```
    #include <iostream>
    using namespace std;
    void main()
    {
        struct comp
        {
            float re; float im; };
            _____ x, y, z;
```

```
        cin>>x.re>>x.im>>y.re>>y.im;
        z.re=_____; z.rm=_____;
        cout<<z.re<<",   "<<z.im<<endl;
    }
```

3. 下面程序的主要功能是输入 N 名学生的姓名和总分，存入结构体类型数组，然后查找总分最高和最低的学生，输出他们的姓名和总分。

```
    #include <iostream>
    using namespace std;
    const int N=5;
    void main()
    {
        struct {char name[10]; float total; } s[N];
        short int k, max, min;
        for(k=0; k<N; k++)
            cin>>s[k].total>> _____;
        }
        max=min=0;
        for(k=1; k<N; k++)
        {
            if(s[max].total<_____) max=k;
            if(_____ >s[k].total) min=k;
        }
        cout<<"MAX: "<<s[max].name<<", "<< s[max].total<<endl;
        cout<<"MIN: "<<s[min].name<<", "<< s[min].total<<endl;
    }
```

4. 结构体类型数组中存有 3 个人的信息(姓名和年龄)，输出 3 个人中最长者的信息。

```
    #include <iostream>
    using namespace std;
    struct man
    {
        char name[10];
        short int age ;
    }person[]={"张萌", 28, "白雪", 24, "朴海玉", 45};
    void main()
    {
        man *p, *q;
        int old;
        p=&person[0] ;                //指向张萌
        old=p->age ;                  //最长者年龄
```

```
    q=p ;                          // q 永远指向年龄大的记录，初值为第 1 个元素
    for( ;            ;p++)        //通过 p 访问各个元素
    if(old<p->age)                 // old 小于当前指针指向的记录
    {
        q=p ;                      // q 指向大年龄的记录
        old=          ;            // old 最大的年龄
    }
    cout<<"最长者姓名："<<                 <<", 年龄: "<<q->age<<endl;
        //输出最长者的姓名和年龄
}
```

五、 编程题

1. 编写统计选票的程序。设有 3 个候选人，有 10 人参加选举，每个选举人只能输入一个候选人的姓名，要求输出各个候选人的得票数。

2. 建立 N 个人的通讯录，包括姓名、地址和电话号码。编写程序实现按关键字姓名查找某人的电话号码。

3. 建立一个结构体类型数据库，含 N 个学生的考试成绩；结构体包括姓名、数学、计算机、英语、体育。要求调用子函数完成按总分从高到低的排序，主函数完成创建数据库并输出排序后的数据的功能。提示：const int N=10;，结构体类型数组有 N 个元素。

4. 定义一个结构体类型变量(包括年、月、日)，计算 11 月 20 日在本年中是第几天。

5. 建立一个链表，每个节点包括学号、姓名、年龄。输入一个年龄，如果链表中的节点所包含的年龄等于此年龄，则将此节点删去。

6. 建立职工工资管理数据库，计算总工资(基本工资+浮动工资+奖金)，统计并输出总工资最高的职工姓名和总工资(见表 7.2)。

表 7.2 职工工资管理表

Name(char 10)	Wage(int)	Floating Wages (int)	Bonus (int)	Total Wages (int)
贾宇	2300	1980	2000	
张莹	1908	2000	1000	
李蒙	2490	1080	980	
王同辽	980	1200	680	
叶库伦	1290	1800	390	

第 8 章　文　　件

　　文件(file)是程序设计中的一个重要概念。C 语言中的文件主要指存放在磁盘上的文件。磁盘文件操作前要打开，文件处理后要关闭。文件操作方式主要有读取文件中的数据到内存和将数据写到文件中，简称为文件的读/写操作。

　　文件的各种操作都是通过系统函数来完成的，本章主要介绍文件的打开、关闭和读/写等函数的使用，同时也介绍了与文件处理有关的其他函数的使用方法。

8.1　文 件 的 概 述

　　文件是由按某个规则集合在一起，保存在外部存储器上的一批数据组成的。这些数据的类型可能是字符型、整型、实型和结构型。

　　目前，微机上的外部存储器主要是磁盘，所以也把文件称为"磁盘文件"。磁盘文件存放在磁盘上，能长期保存。

　　如果磁盘文件中存放的是数据，称为数据文件；如果存放的是源程序或者是编译连接后生成的可执行程序，称为程序文件(本章只针对数据文件)。操作系统是以文件为单位对数据进行管理的。在操作系统中，每个文件都通过唯一的文件标识来定位。

8.1.1　磁盘文件名

　　为了区分磁盘上不同的文件，必须给每个磁盘文件一个标识。能唯一标识某个磁盘文件的就是"磁盘文件名"。关于磁盘文件名的详细说明可参考有关资料，下面简单地介绍一下磁盘文件名的组成。磁盘文件名的一般组成如下：

　　　　盘符：\ 路径\主文件名.扩展名

其中，盘符可以是 C、D、E 等，盘符表示文件所在的磁盘。路径是由目录组成的，目录间用"\"符号分隔。路径用来表示文件所在的目录。

　　组成文件名时，"盘符"和"路径"都可以省略。省略"盘符"，表示在当前盘指定路径下的文件；省略"路径"，表示文件在指定盘的当前路径下的文件；如果同时省略"盘符"和"路径"，则表示在当前盘当前路径下的文件。以下通过几个文件标识符帮助用户理解磁盘文件的路径。例如：

　　　　D:\C\ZHANG\ABC.CPP

表示该文件是在 D 盘根目录\下面的一级子目录 C、二级子目录 ZHANG 中，文件名为 ABC、扩展名为.CPP 的一个文件。而

ABC.CPP　　　//缺省路径 D:\C\ZHANG

表示该文件是当前盘当前路径下的一个文件。

正确指定"磁盘文件名"是对磁盘文件进行操作的前提，如果磁盘文件名指定不正确，则系统将找不到该磁盘文件，无法对该文件进行任何处理。

8.1.2　文件缓冲区

由于程序只能处理内存中的数据，不能直接操作磁盘文件中的数据。只有把磁盘文件中的数据"读入"到内存中，才能操作文件中的数据。同样，修改文件中的数据后，由于修改的是读到内存的数据，还需要将内存中的数据"写回"到磁盘上，才能保证文件中的数据得到修改。

当程序读写文件数据时，系统并不是只对处理的那个数据进行读写，而是一次读写一批数据存放在内存的某个区域中。这样做的目的是减少访问磁盘的次数，因为磁盘是机电设备，从开始启动到读写数据要花费较长的时间。

当用户要从磁盘文件读取数据到某个变量中时，先在这个内存区域中寻找，如果找到则不需读盘，直接从内存区域中读取数据；如果找不到再去磁盘中寻找。当用户要将某个变量中的数据写到磁盘上，也是先写到这个内存区，当内存已写满时，系统将会自动地将内存区中全部数据写入该磁盘文件。这个内存区是磁盘文件和程序中存放数据的变量、数组之间交换数据的缓冲区域，称为文件缓冲区(buffer)。

C 语言早期规定可以使用两种形式来建立文件缓冲区：缓冲文件系统和非缓冲文件系统。缓冲文件系统的缓冲区是系统自动设定的，随着一个文件的打开，自动设置一段内存区域作为这个文件的缓冲区。非缓冲文件系统不会自动设置缓冲区，要求用户在程序中为打开的文件设置缓冲区。由于缓冲文件系统操作简单，所以 ANSI C 决定仅采用缓冲文件系统来处理文件。

8.1.3　磁盘文件的打开与关闭

通常把从磁盘文件中读取数据到内存文件缓冲区称为"文件的打开"；把内存文件缓冲中的数据存回到磁盘文件称为"文件的关闭"。在 C 语言中，文件的打开将自动创建一个文件缓冲区并与磁盘文件相关联。文件的关闭会断开这种关联。文件的打开和关闭分别是文件操作的开始及最后一步。

8.1.4　磁盘文件的数据格式分类

磁盘文件可以按文件中的数据格式分为 ASCII 文件和二进制文件。

ASCII 文件又称文本(TEXT)文件，它的每一个字节是一个 ASCII 码，代表一个字符。二进制文件是把内存中每个字节按其存储形式原样输出，特点是可以处理所有类型的文件，不用作任何字符转换。两种数据格式占用存储空间不同。例如，一个短整数 −1234 在二进制文件中只占 2 个字节；在文本文件中要占 5 个字节，依次存放表示 "-1234" 的 5 个字符：'-'、'1'、'2'、'3'、'4'。一个单精度型数据 −12.34 在二进制文件中占用 4 个字节；在文本文件中要占 6 个字节，依次存放表示 "-12.34" 的 6 个字符：'-'、'1'、'2'、' . '、'3'、'4'.

例如，短整型数 10000 的两种存储方式，如图 8.1 所示。

ASCII 形式	00110001	00110000	00110000	00110000	00110000
	(1)	(0)	(0)	(0)	(0)

二进制形式	00100111	00010000			

图 8.1　短整型数在内存中的存储情况

使用 ASCII 输出形式输出的字符，屏幕显示比较直观，但占用存储空间较多。使用二进制形式输出数据，可以节省外存空间和转换时间，但不能直接输出字符形式。常用二进制文件保存中间结果数据到外存上。

C 语言程序对文件的输入/输出是以字节为单位的，以上两种文件格式分别称为文本流和二进制流，数据流的开始和结束仅受程序控制。这类文件称为流式文件。

8.1.5　磁盘文件的读写格式分类

文件的读写方式可以分为顺序读写和随机读写两种方式。有时也把按这两种方式处理的文件叫作顺序文件和随机文件。

如果想对某个文件进行读或写操作，必须先将文件打开。当磁盘文件被打开后，会自动在内存建立一个文件缓冲区。文件的读写操作实际上是分两步实现的。

(1) 磁盘文件和缓冲区之间的读写操作。因为磁盘是外设，打开一次时间较长，只在缓冲区满或空时自动执行，不需用户考虑。

(2) 缓冲区和某个指定的变量之间的读写操作。需要调用读写函数实现，可以想象在缓冲区中有一个"文件内部指针"，指向缓冲区中要读写的数据。每从缓冲区读一个数据到变量中或从变量写一个数据到缓冲区时，文件内部指针会自动后移，以便下一次读写操作的进行。文件内部指针也叫"文件读写指针"。文件内部指针在什么位置，就在什么位置读写。文件内部指针的移动有自动和主动两种方式。自动移动是连续的，从头开始，这种读写方式叫"顺序读写"。还可以调用控制文件内部指针移动的文件定位函数，让指针随机地向前或向后移动到需要的位置开始读取数据。这种读写方式叫"随机读写"。

8.1.6　设备文件

由于计算机中的输入/输出设备的作用也是输入/输出数据，其功能和文件的读取数据/写入数据相似，所以操作系统把输入/输出设备也看成文件，称为设备文件。

计算机的常用输入设备是键盘，称为标准输入设备；常用输出设备是显示器，称为标准输出设备；还有一个专用于输出错误信息的标准错误输出设备，也是显示器。

从输入设备上读取数据，可以看成是从输入设备文件中读数据；将数据写到输出设备上，可以看成是写到输出设备文件中。

C 语言规定，对上述三种标准的输入/输出设备进行数据的读写操作，不必事先打开设备文件，操作后，也不必关闭设备文件。因为系统在启动后已自动打开上述三个标准设备，系统关闭时，将自动关闭上述三个标准设备。

8.2　文件类型及文件指针

缓冲文件系统中，关键的概念是文件指针。每个被使用的文件都在内存中自动创建一个结构型变量，该结构型中的成员记录了处理文件时所需的信息，例如文件代号(整型)、文件缓冲区所剩余的字节数(整型)、文件操作模式(整型)、下一个待处理字节的地址(字符型文件内部指针)和文件缓冲区首地址(字符型指针)等。C 系统已经在名为<stdio.h>的头文件中按文件所需信息对该结构类型进行了定义：

```
typedef struct
{
    int_fd;                 //文件代号
    int_cleft;              //文件缓冲区所剩余的字节数
    int_mode;               //文件操作模式
    char *nextc;            //下一个待处理字节的地址(文件内部指针)
    char *buff;             //文件缓冲区首地址
}FILE;
```

类型名 FILE 称为文件类型，用 FILE 定义的指针变量通常称为文件型指针，定义格式为

```
FILE  *文件型指针名;
```

例如，某文件需要处理，定义文件型指针 fp1，可写成：

```
FILE  *fp1;
```

还可定义 FILE 类型数组，例如：

```
FILE  *fp[5];
```

该语句表示，文件类型指针数组 fp 具有 5 个元素。

8.3　文件的打开与关闭函数

打开与关闭文件都是利用系统函数来实现的。这两个系统函数均包括在名为"stdio.h"的头文件中。

8.3.1　打开文件函数

ANSI C 规定了标准输入/输出函数库，使用 fopen 函数来实现打开文件。它的调用格式为

```
FILE *fp;
fp=fopen(文件名，使用文件方式);
```

功能：以指定的"使用文件方式"，打开(或创建)指定的"文件名"对应的文件，系统自动给该文件分配一个内存缓冲区，文件指针指向该文件。

返回值：能正确打开指定的文件，则返回一个指向"文件型变量"的地址，使得"文

件型指针"指向该地址。在此后的程序段中利用这个文件型指针,对文件进行读写等操作。

　　说明:

　　(1) fp 为用户定义的文件类型指针,指向内部数据,即要打开的文件;

　　(2) 文件名包括文件路径;

　　(3) 使用文件方式为下表列举出的一种;

　　(4) 两个参数对应的实参可以是字符串常量,也可是字符数组首地址,或者是指向字符串的指针变量。

　　文本文件使用方式可以是下列字符串,如表 8.1 所示。

表 8.1　文本文件的使用方式

文件使用方式	含　义
"r" (只读)	打开一个已存在的文本文件,只能读取数据
"w" (只写)	打开一个文本文件,只能写入数据 若文件不存在,则自动建立一个新文件接收写入的数据 若文件存在,则删去旧文件,建立一个同名新文件,接收写入的数据
"a" (追加)	打开一个已存在的文本文件,只能写入数据并且追加在文件尾部
"r+" (读写)	打开一个已存在的文本文件,可以读取数据,也可以写入数据
"w+" (读写)	打开一个文本文件,可以读取数据,也可以写入数据 若文件不存在,则自动建立一个新文件接收写入的数据 若文件存在,则删去旧文件,建立一个同名新文件,接收写入的数据
"a+" (读写)	打开一个已存在的文本文件,可以读取数据,也可以追加数据到文件尾部

　　以上方式针对"文本文件"类型,以下方式针对"二进制文件"类型,作用相同,如表 8.2 所示。

表 8.2　二进制文件的使用方式

文件使用方式	含　义
"rb" (只读)	打开一个已存在的二进制文件,只能读取数据
"wb" (只写)	打开一个二进制文件,只能写入数据 若文件不存在,则自动建立一个新文件接收写入的数据 若文件存在,则删去旧文件,建立一个同名的新文件,接收写入的数据
"ab" (追加)	打开一个已存在的二进制文件,只能写入数据并且追加在文件尾部
"rb+" (读写)	打开一个已存在的二进制文件,可以读取数据,也可以写入数据
"wb+" (读写)	打开一个二进制文件,可以读取数据,也可以写入数据 若文件不存在,则自动建立一个新文件接收写入的数据 若文件存在,则删去旧文件,建立一个同名新文件,接收写入的数据
"ab+" (读写)	打开一个已存在的二进制文件,可以读取数据,也可以追加数据到文件尾部

　　如果打开文件出现错误,例如,实参不正确、指定的文件使用方式不正确、指定的文件名不存在或在指定盘符与路径上找不到,都会造成打开文件的错误。此时,返回值为"NULL",表示打开文件错误。"NULL"代表空地址,其值为"0"。

打开文件时,一般要对返回值进行判断,如果返回值为 "NULL",则表示文件打开出错,不能使用这个文件,应提示用户并终止程序的运行。使用以下程序段完成此任务:

```
if((fp=fopen("文件名","文件使用方式"))==NULL)   //打开文件用于读写
{
    cout<<"file can not open!\n";            //打开文件出错的提示
    exit(0);                                  //使用 exit(0)中止程序运行
}
```

注意:其中打开文件出错时的处理使用系统函数 exit(0),该函数的作用是关闭所有已经打开的文件。

打开文件并读写数据的示意图如图 8.2 所示。

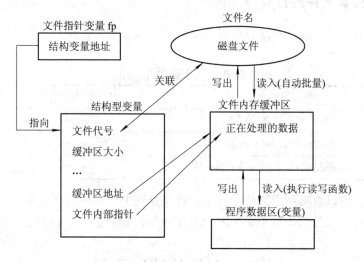

图 8.2 打开文件并读写数据的示意图

8.3.2 关闭文件函数

文件在使用完后要关闭,释放系统资源。关闭文件就是使文件指针不再指向该文件,文件指针变量与文件脱离开。关闭文件使用 fclose()函数,其调用格式通常为

```
fclose(文件指针);
```

例如,关闭文件指针 fp 指向的文件:

```
fclose(fp);
```

功能:关闭文件指针所指向的文件,同时自动释放分配给文件的内存缓冲区及 FILE 结构型变量。

返回值:能正确关闭指定的文件,则返回 0;否则返回非 0。

说明:文件型指针的值是通过 fopen()函数获得的。

下面的程序段说明了文件的打开与关闭的常用方式:

```
#include <iostream>
using namespace std;
#define    NULL 0
```

```
    FILE *fp;                                      //定义文件型指针
      ⋮
    if((fp=fopen("文件名", "文件使用方式"))==NULL)   //打开文件，用于读写
    {
        cout<<"file can not open! ";              //打开文件出错的提示
        exit(0);                                   //关闭所有文件，中止程序运行
    }
      ⋮                                            //文件正确打开，可对文件进行读或写操作
    fclose(fp);                                     //关闭 fp 所指向的文件
```

8.3.3　标准设备文件的打开与关闭

系统启动后，已自动打开这三个设备文件，并且为它们各自设置了一个文件型指针，文件名称如表 8.3 所示。

表 8.3　设备文件名称

标准设备名称	对应文件型指针名
标准输入设备(键盘)	stdin
标准输出设备(显示器)	stdout
标准错误输出设备(显示器)	stderr

在程序中，可以直接使用这些文件型指针来处理上述三种标准设备文件。使用这三种标准输入/输出设备文件后，也不必关闭。因为在退出系统时，将自动关闭这三种设备文件。

8.4　文件的读写函数

文件打开后，文件缓冲区设立，就可以对文件缓冲区进行读数据或写数据的操作，这些操作都是通过系统函数来完成的。所有关于文件读写的系统函数均包含在头文件 iostream.h 中。

8.4.1　文件尾测试函数

读取文件缓冲区中的数据时，需要判断文件内部指针是否移动到文件尾。使用 feof( )函数测试是否为文件尾。若到达文件尾，则不能继续读取数据。feof()函数的调用格式通常为

　　feof(fp)

说明：fp 为文件型指针，指向某个打开的文件。

功能：测试 fp 所指向的文件是否到达文件尾。

返回值：若 fp 当前位置是文件尾，返回非 0 值，否则返回 0 值。

通常在读文件中数据时，都要事先利用该函数来判断文件是否结束。常用的程序段如下：

```
      ⋮                            //假设已使文件型指针 fp 指向一个可读文件
    while(!feof(fp))              //若不是文件尾则执行循环
```

```
{
    ⋮
}
```

8.4.2　字符读写函数

字符读写函数处理的文件类型可以是文本文件，也可以是二进制文件。读写的数据以字节为单位，可以是字符。

1.　写字符函数

使用系统函数 fputc 写字符，该函数的调用格式为

　　　fputc(ch, fp)

功能：将变量 ch 中的字符写到 fp 所指向的文件缓冲区的当前位置。

返回值：写入成功，则返回刚写入文件中的字符；如果出现错误，则返回 EOF。EOF 是在<stdio.h>文件中定义的符号常量，其值为 –1。

说明：

(1)　ch 为写到文件中的字符，可以是字符常量、字符变量等。

(2)　fp 为文件型指针，是通过 fopen()函数获得并已指向某个打开的可写文件。

本函数主要用于处理文本文件，也可以处理二进制文件。当正确地写入 1 个字符或 1 个字节数据后，文件内部指针会自动后移 1 个字节的位置。

【例 8.1】　从键盘输入 10 个字符，写入路径名为 d:\abc.txt 的文本文件中。

程序清单如下：

```cpp
#include <iostream>
using namespace std;
#define    NULL 0
void main()
{
    FILE *fp;
    int i;
    char ch;
if((fp=fopen("d:\\abc.txt", "w"))==NULL)        //打开一个只写的文本文件
{
    cout<<"file can not open!";
    exit(0);
}
for(i=0;i<10;i++)                               //循环处理 10 个字符
{
    ch=getchar();                              //从键盘输入一个字符存入变量 c
    fputc(ch, fp);                             //将 c 中字符写到 fp 指向的文件中
}
```

```
        fclose(fp);                    //关闭 fp 所指向的文件
    }
```
　　要求：调试成功后，输入"ABCD"，切换到 d 盘根目录下，打开 abc.txt 文件，观察文件中内容。

　　2．读字符函数

　　使用系统函数 fgetc()来读文件中的字符，该函数的调用格式通常为
```
    fgetc(fp)
```
　　功能：从 fp 所指向的文件缓冲区当前位置读取 1 个字符。

　　返回值：正确完成读取，则返回读取的字符；出现错误，则返回 EOF。

　　说明： fp 为文件型指针，是通过 fopen()函数获得的并已指向某个打开的可读文件。

　　本函数主要用于处理文本文件，也可以处理二进制文件。对文本文件，读取的是单个字符；对二进制文件，读取的是一个字节。

　　当正确地读取了 1 个字符或 1 字节数据后，文件内部指针会自动后移 1 个字节的位置。

　　【例 8.2】 编写显示 8.1 建立的文件内容的程序。

　　程序清单如下：
```
    #include <iostream>
    using namespace std;
    #define    NULL 0
    void main()
    {
        FILE *fp;
        int i;
        char ch;
        if((fp=fopen("d:\\abc.txt", "r"))==NULL)        //打开一个只读的文本文件
        {
            cout<<"file can not open!";
            exit(0);
        }
        for(i=0;i<10;i++)                               //循环处理 10 个字符
        {
            ch=fgetc(fp);                               //从 fp 指向的文件中读入一个字符存入变量 ch
            putchar(ch);                                //将 ch 输出
        }
        fclose(fp);
    }
```

8.4.3　字符串读写函数

　　字符串读写函数处理的文件类型是文本文件。读写的数据以字符串为单位。

1. 写字符串函数

使用系统函数 fputs()来往文件中写入字符串，该函数的调用格式为

　　　fputs(str, fp)

功能：将 str 指向的 1 个字符串，舍去结束标记 '\0' 后写入 fp 所指向的文件缓冲区中。

返回值：书写正确，则返回写入的实际字符数；出现错误，则返回 EOF。

说明：

(1) str 为字符型指针，可以是字符串常量，或存放待输出字符串的字符数组首地址，也可以是指向待输出字符串的指针变量。

(2) fp 是通过 fopen()函数获得的指向已打开的可写文本文件的文件型指针。当正确地写入 1 个字符串后，文件内部指针会自动后移 1 个字符串的位置。

注意：不同的 C 语言编译系统返回值可能不同。

【**例 8.3**】 从键盘上读取 3 个字符串，依次写入 D 盘根目录下名为 "string1.txt" 的文本文件。

程序清单如下：

```
#include <iostream>
using namespace std;
#define NULL 0
void main()
{
    FILE *fp;
    int i;
    char s1[3][100];
    for(i=0; i<3; i++)                  //从标准输入设备键盘上读取 3 个字符串
        cin>>s1[i];
    if((fp=fopen("d:\\string1.txt", "w"))==NULL)
    {
        cout<<"Can't open file.";
        exit(0);
    }                                   //打开一个只写的文本文件
    for(i=0;i<3;i++)                    //将数组 s1 中的 3 个字符串写入 fp 指向的文件
        fputs(s1[i], fp);
        fclose(fp);                     //关闭 fp 所指向的文件
}
```

2. 读字符串函数

使用系统函数 fgets()来从文件中读取字符串，该函数的调用格式通常是

　　　fgets(str, n, fp)

功能：从 fp 所指向的文件当前缓冲区位置读取 n-1 个字符，在其后补充一个字符串结束标记 '\0'，组成字符串，并存入 str 指定的内存区。如果读取的前 n-1 个字符包含 "回车

符"，则只读到回车符为止，补充结束标记 '\0' 组成字符串(包括该回车符)，回车符后的字符将不再读取。如果读取前 n−1 个字符时遇到文件尾，则将读取字符后面补充结束标记 '\0' 组成字符串。

返回值：读取正确，则返回 str 对应的地址；出现错误，则返回 NULL(0)。

说明：

(1)　str 为字符型指针，可以是存放字符串的字符数组首地址，也可以是指向某个能存放字符串的内存区域的指针变量。

(2)　n 为整型常量、变量或表达式。

(3)　fp 是通过 fopen()函数获得的，指向已打开的可读文本文件的文件型指针。

当正确地读取了 1 个字符串后，文件内部指针会自动后移 1 个字符串的位置。

【例 8.4】　读入 d 盘根目录下 string1.txt 文件中的字符串或前 20 个字符，并在显示屏上输出。

程序清单如下：

```cpp
#include <iostream>
using namespace std;
#define NULL 0
void main()
{
    FILE *fp;
    char s[21];
    if((fp=fopen("d:\\string1.txt", "r"))==NULL)
    {
        cout<<"file can not open!";
        exit(0);
    }                           //打开一个只读的文本文件
    fgets(s, 21, fp);           //从 fp 指向的文件中读取一个字符串存入数组 s
    fputs(s, stdout);           //输出字符数组 s 中的字符串到标准输出设备
    fclose(fp);                 //关闭 fp 所指向的文件
}
```

注意：程序中输出字符串到显示器时，使用了文件写字符串函数：fputs(s, stdout)，文件型指针 "stdout" 是指向标准输出设备显示器的。虽然可以使用以前介绍的 puts 函数将字符串输出到显示器，但它们的参数格式不同，而且 puts 函数是将字符串后的结束标记 '\0' 转换为"回车符"输出；而 fputs 函数在输出时舍弃了这个结束标记 '\0'。

同样，从键盘上输入字符串，我们可以使用以前介绍的 gets()函数，也可以使用文件读字符串函数 fgets(s, n, stdin)，这里的 "stdin" 是指向标准输入设备键盘的。虽然这两个函数都可以从标准输入设备(键盘)上读取字符串，但是它们的参数个数不同，而且 gets()是将键盘上输入的换行符转换为 '\0'；而 fgets()函数是保留这个换行符，然后补充一个 '\0'。

8.4.4 数据读写函数

数据读写函数处理的文件类型主要是二进制文件，也可以是文本文件。读写的数据可以是字符型、整型、实型，也可以是结构型等。

1. 写数据函数

使用函数 fwrite 来往文件缓冲区中写数据，该函数的调用格式为

> fwrite(buffer, unsigned size, unsigned n, fp)

功能：将 buffer 指向的 n 个数据(每个数据的字节数为 size)写入 fp 指向的文件。

返回值：书写数据正确，则返回 n 值；错误，则返回 NULL(0)。

说明：

(1) buffer 为字符型指针，可以是存放数据的变量地址或数组首地址，也可以是指向某个变量或数组的指针变量。

(2) size 为无符号整型，可以是整型常量、变量或表达式，代表写入文件的每个数据所占用的字节总数。通常使用表达式 "sizeof(数据类型符)"。

(3) n 为无符号整型，可以是整型常量、变量或表达式，代表写入文件的数据的个数(任意每个数据的长度是 size 个字节)。

(4) fp 为文件型指针，通过 fopen 函数获得并指向已打开的可写文件。

(5) 当正确地写入文件缓冲区 n 个数据后，文件内部指针会自动后移 n*size 个字节。

读写示意图如图 8.3 所示。

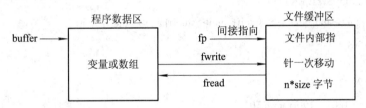

图 8.3 fwrite 和 fread 函数执行过程

【例 8.5】 输入 4 个学生的有关数据，写入 d 盘根目录下名为 "intb1.dat" 的二进制数据文件中。

程序清单如下：

```
#include <iostream>
using namespace std;
#define NULL 0
const int SIZE=4;
struct student
{
    char name[10];
    int num;
    int age;
    char addr[15];
```

```
    }stud[SIZE];
    void save()
    {
        FILE *fp;
        int i;
        if((fp=fopen("d:\\intb1.dat", "wb"))==NULL)
        {
            cout<<"file can not open!";
            exit(0);
        }
        for(i=0;i<SIZE;i++)
        {
            if(fwrite(&stud[i], sizeof(struct student), 1, fp)!=1)
                cout<<"file write error";
                fclose(fp);
        }
    }
    void main()
    {   int i;
        for(i=0;i<SIZE;i++)
            cin>>stud[i].name>>stud[i].num>>stud[i].age>>stud[i].addr;
        save();
    }
```

运行时输入：

```
Zhang    1001   19   room_101↙
Fun      1002   20   room_102↙
Tan      1003   21   room_103↙
Ling     1004   21   room_104↙
```

说明： 对结构型数据，使用表达式 sizeof(struct 结构类型名)来计算结构型数据的长度
更为准确。

2. 读数据函数

使用 fread()函数从文件中读取数据，该函数的调用格式为

```
    fread(buffer, size, n, fp)
```

功能： 从 fp 所指向的文件缓冲区当前位置读取 n 个数据，每个数据的字节数为 size，
共同组成 n 个长度为 size 的数据存入 buffer 指定的内存区。

返回值： 读入正确，则返回 n 值；读入错误，则返回 NULL(0)。

说明：

(1) buffer 为字符型指针，可以是存放数据的变量地址或数组首地址，也可以是指向某

个变量或数组的指针变量。

(2) size 为无符号整型，可以是整型常量、变量或表达式，代表读取的每个数据的数据类型所占用的字节总数，通常使用表达式"sizeof(数据类型符)"自动计算。

(3) n 为无符号整型，可以是整型常量、变量或表达式，代表依次读取数据(size 个字节)的个数。

(4) fp 为文件型指针，通过 fopen 函数指向已打开的可读文件。

(5) 当正确地读取了 n 个数据后，文件内部指针会自动后移 n*size 个字节。

例 8.5 程序运行时，屏幕上并无输出任何信息，只是将数据存入 d:\intb1.dat 中。为了验证磁盘文件 d:\intb1.dat 中是否已存在此数据，可以用以下程序从 d:\intb1.dat 中读入数据，然后在屏幕上显示。

【例 8.6】 打开 " d:\intb1.dat " 文件，在屏幕上输出 4 个学生信息。

程序清单如下：

```cpp
#include <iostream>
using namespace std;
#include <iomanip>
#define NULL 0
#define SIZE    4
struct student
{
    char name[10];
    int num;
    int age;
    char addr[15];
}stud[SIZE];
void main()
{
    int i;
    FILE *fp;
    if((fp=fopen("d:\\intb1.dat", "rb"))==NULL)
    {
        cout<<"file can not open!";
        exit(0);
    }
    for(i=0; i<SIZE; i++)
    if(fread(&stud[i], sizeof(struct student), 1, fp))
        cout<<setw(10)<<stud[i].name<<setw(10)<<stud[i].num<<setw(10)<<stud[i].age
            <<setw(10)<<stud[i].addr;
    fclose(fp);
}
```

运行结果为

```
Zhang    1001   19   room_101
Fun      1002   20   room_102
Tan      1003   21   room_103
Ling     1004   21   roon_104
```

8.5　文件应用程序举例

【例 8.7】　打开二进制文件，从已存在的文件 score.dat 中读取数据，计算出平均值。
程序清单如下：

```
#include <iostream>
#include <iomanip>
using namespace std;
void   main()
{
    FILE *fp;
    int k=0, score;
    char c;
    float sum=0;
    if((fp=fopen("score.dat", "r"))==NULL)
    {
        puts("Can't open file.");
        exit(0);
    }
    cout<<"C 语言成绩： ";
    while(!feof(fp))
    {
      fscanf(fp, "%d", &score);                    // C 语言中函数，读缓冲区中数据
      if(k%8==0)
          cout<<endl;
    sum+=score;
    cout<<setw(4)<<score;
    k++;
}
sum=sum/k;
cout<<"\n 平均成绩： "<<setprecision(4)<<sum<<endl;
fclose(fp);
}
```

习　题　8

一、单项选择题

1. 要把处理后的数据写回数据文件时应(　　)。

　　A. 将磁盘中的信息存入计算机 CPU　　　B. 将计算机内存中的信息存入磁盘

　　B. 将计算机 CPU 的信息存入磁盘　　　　D. 将磁盘中的信息存入计算机内存

2. 一个短整数–23451 在二进制文件中只占 2 个字节；在文本文件中要占(　)个字节。

　　A. 2　　　　　　　　B. 3　　　　　　　　C. 5　　　　　　　　D. 6

3. C/C++ 语言可以处理的文件类型是(　　)。

　　A. 文本文件和数据文件　　　　　　　B. 数据文件和二进制文件

　　C. 文本文件和二进制文件　　　　　　D. 以上答案都不对

4. 在 d:\user 下以读写方式新建一个名为 file1 的文本文件，下面 fopen()函数的调用方式正确的是(　　)。

　　A. FILE *fp;　　fp=fopen("d:\\user\\file1", "r");

　　B. FILE *fp;　　fp=fopen("d:\user\file1", "r+");

　　C. FILE *fp;　　fp=fopen("d:\\user\\file1", "wb");

　　D. FILE *fp;　　fp=fopen("d:\\user\\file1", "w+");

5. C 语言中系统的标准输入文件是指(　　)。

　　A. 键盘　　　　　　B. 显示器　　　　　　C. 软盘　　　　　　　D. 硬盘

6. C 语言中，文件由(　　)。

　　A. 记录组成　　　　　　　　　　　　B. 由数据行组成

　　C. 数据块组成　　　　　　　　　　　D. 字符(字节)序列组成

7. 若 fp 为文件指针，且已读到文件的末尾，则表达式 feof(fp)的返回值是(　　)。

　　A. EOF　　　　　　B. –1　　　　　　　C. 非零值　　　　　　D. NULL

8. 要求打开 d:\USER 文件夹下的名为 abc.txt 的文件进行追加操作，下面的函数调用语句中符合要求的是(　　)。

　　A. fopen("d:\user\abc.txt", "wb")　　　　B. fopen("d:\\user\\abc.txt", "a")

　　C. fopen("d:\\user\\abc.txt", "r")　　　　D. fopen("d:\\user\\abc.txt", "rb")

二、分析程序，写出以下程序的功能

假定在当前盘目录下有 2 个文本文件，其文件名和内容如下：

文件名：a1.txt　　　a2.txt

内容：121314#　　　252627#

```
#include <iostream>
using namespace std;
void fc(FILE *fp1)
{
    char c;
```

```
        while((c=fgetc(fp1))!='#')
    putchar(c);
}
void main()
{
    FILE *fp;
    if((fp=fopen("a1.txt", "r"))==NULL)
    {
        cout<<"Can not open a1.txt file!";
        exit(0);
    }
    else
    {
        fc(fp);
        fclose(fp);
    }
    if((fp=fopen("a2.txt", "r"))==NULL)
    {
        cout<<"Can not open a2.txt file!";
        exit(0);
    }
    else
    {
        fc(fp);
        fclose(fp);
    }
    cout<<endl;
}
```

程序运行后的输出内容为_____。

第 9 章　编译预处理

ANSI C 标准规定可以在 C 源程序中加入一些预处理命令，以改进程序设计环境，提高编程效率。预处理命令是在编译前进行的。准确地使用 C 语言的预处理功能可以使程序易读、易改、易于移植，同时又利于调试和工程模块化。C 语言有三种预处理命令，分别是宏定义、文件包含和条件编译。本章主要介绍宏定义、文件包含处理和条件编译。

9.1　宏　定　义

第 2 章 2.2.4 节中介绍了符号常量，符号常量的定义就是宏定义的特例。

所谓"宏"就是将一个标识符定义成一个字符串符，完成定义的命令称为宏定义或预处理命令，其中，标识符称为宏名；当定义了宏名后，在源程序中就可以"引用宏"。带有宏的程序，源程序开始编译前，系统将会把源程序清单中所引用的宏名替换成对应的一串字符，然后再编译源程序。替换的过程称为宏替换，也称为宏展开。

在 C 语言中，使用关键字 #define 定义宏。定义宏又称为编译预处理命令。宏名通常都用大写字母组成，以区别于一般变量名、数组名和指针变量名。宏分为无参宏和带参宏两种。

9.1.1　不带参数的宏定义

定义格式：

　　#define 宏名 字符串

功能：定义宏名对应于一串字符。

关于宏定义，应注意以下几点：

(1) 字符串不带双引号。

(2) 宏名的前后应有空格，以便准确地辨认宏名。

(3) C 语言预处理命令都是以换行符(\n)结尾的，即每条 C 语言预处理命令都占用一行；本命令不是语句，其后不要跟分号(;)。

(4) 在字符串中如果出现运算符，要注意替换后的结果，通常可以在合适的位置上加括号。

【例 9.1】　求圆的周长、面积和球的体积。

```
#include <iostream>
using namespace std;
#define PI 3.14159                    //定义宏名 PI 为 3.14159
```

```
void main( )
{
    float l, s, r, v;
    cout<<"input redius:"<<endl;
    cin>>r;
    l=2.0*PI*r;
    s=PI*r*r;
    v=3.0/4*PI*r*r*r;                    //宏展开后为 v=3.0/4*3.14159*r*r*r
    cout<<"l="<<l<<endl<<"s="<<s<<endl<<"v="<<v<<endl;
}
```

运行时输入：

input redius:4✓

运行结果为

l=25.1327

s=50.2654

v=150.796

(5) 宏定义也有定义域，它的定义域是从开始定义处到本程序文件的结尾。所以一般都将宏定义放在源程序开头。如果终止使用宏，可以使用编译预处理命令#undef 来终止宏的定义域，即宏的定义域应该是从定义处到文件尾或命令#undef 出现处。例如：

```
#define    PI    3.14159        //定义宏 PI 为 3.14159
    ⋮
s=PI *r *r;                     //此处宏引用是正确的
#undef   PI                     //取消宏
    ⋮
s=PI * r * r;                   //此处宏 PI 定义取消，不可引用
```

(6) 在宏定义的一串字符中可以出现已经定义过的另一个宏名，称为嵌套宏定义。例如：

```
#define PI 3.14159
    #define S(r) PI * r* r
    ⋮
    printf ("S=%f\n", S);
```

进行宏替换的过程是先将宏名 S 替换成 PI * r * r，然后再将其中的宏名 PI 替换成 3.14159。

【例 9.2】 嵌套宏定义。

程序清单如下：

```
#include <iostream>
using namespace std;
#define R 3.0
#define PI 3.14159
#define L 2*PI*R
```

```
#define S PI*R*R
void main( )
{
    cout<<"L="<<L<<ENDL<<"S="<<S<<endl;
        // 宏展开后 L 为 2*3.14159*3.0, S 为 3.14159*3.0*3.0
}
```

运行结果为

```
L=18.8495
S=28.2743
```

使用宏的目的有两个：

(1) 提高程序效率，在修改数据时只改写一次 #define 命令，就可以使全部程序中的宏都得到修改。C 语言不可以定义动态数组，如果数组的长度用符号常量定义就可以实现动态定义。例如：

```
#define N 1000
int array[N];
```

说明：此命令是使用宏定义动态数组 array，其长度 N 为 1000，说明 array 数组有 N(1000) 个元素。

(2) 提高程序的通用性，宏名并不代表内存变量，不分配内存。

在 2.3.4 节中介绍过，在 C++ 中使用常变量代替不带参数的宏。例如：

```
const int n=3;
int array[n];    //定义数组的长度为 n
```

【例 9.3】　要求编写一个程序，从输入的 N 个实数中寻找并输出最大数和最小数。

说明：上例在调试程序时，如果连续输入 1000 个实数，则调试工作量很大。为了解决这个问题，可以用宏定义将实数的个数假定为 5 进行调试，确定程序无误后，再将宏定义中的个数改为 1000。

程序清单如下：

```
#include <iostream>
using namespace std;
#define   N   5                    //可以用常变量定义数组的长度
void main()
{
    float f[N], max, min;
    int i;
    for(i=0; i<N; i++)
        cin>>f[i];                //输入 N 个实数存入数组 f
    max=min=f[0];
    for (i=0; i<N; i++)
    {
        if(max<f[i]) max=f[i];        //判断并保存当前最大数
```

```
        if(min>f[i]) min=f[i];                          //判断并保存当前最小数
    }
    cout<<"MAX="<<max<<endl<<"MIN="<<min<<endl;        //输出最大数和最小数
}
```

说明： 上机调试正确后，将 N 改写成实际数组长度。

9.1.2 带参宏的定义和引用

C 语言规定，定义宏时，可以带有形式参数。程序中引用带参的宏时，源程序开始编译前，可以用实参替换形参，然后再进行宏替换，从而使得宏的功能更强。替换原则是实参与形参一一对应。

命令格式：

#define 宏名 (形参表) 字符串

功能：定义宏名对应于一串字符。

其中，形参是用逗号分隔形式参数，每个形参都为标识符；字符串中要含有形参。

注意： 使用带参宏时，除了与不带参数宏的使用方法类似外，如果宏的实参使用表达式，则在宏定义时，对应的形参应加圆括号。

【例 9.4】 带参数的宏的展开。

程序清单如下：

```
#include <iostream>
using namespace std;
#define PI 3.14159
#define S(r)    PI*r*r
void main( )
{
    float a, area;
    a=3.5;
    area=S(a);
    cout<<"R="<<a<<endl<<"Area="<<area<<endl;
}
```

运行结果为

R=3.500000

Area=38.484509

语句 area=S(a); 进行宏替换后成为 "area=3.14159*(3.5)*(3.5)"。

通过以上例子我们观察到，带参的宏实现了函数功能，但它们还是不完全相同的，二者是有区别的。

(1) 宏替换是简单的字符串替换，即使代入的参数是表达式，也不计算值；但函数的实参先要计算值，然后再进行传递。

(2) 宏调用通过宏展开完成，是在预编译中进行的，宏替换不占运行时间，只占编译时间；而函数调用是在程序运行时进行的，占运行时间(包括分配内存单元、保留现场、值传递、返回)。

(3) 宏展开会增加程序代码的长度，但降低运行的时间，相反，函数则可以缩短程序长度，但却增加了运行时间。

(4) 宏名无类型，宏替换不存在类型问题，也不需要分配内存单元；而函数要求实参和形参类型一致，调用函数时，形参要分配内存单元。

(5) 调用函数只能得到一个返回值；而用宏可以设法得到几个值。

【例 9.5】 一次宏调用得到了三个值。

程序清单如下：

```
#include <iostream>
using namespace std;
#define PI 3.14159
#define C(R, L, S, V) L=2*PI*R;S=PI*R*R;V=4.0/3*PI*R*R*R
void main( )
{
    float r, l, s, v;
    cin>>r;
    C(r, l, s, v);
    cout<<"R="<<r<<endl<<"L="<<l<<endl<<"S="<<s<<endl<<"V="<<v<<endl;
}
```

经编译宏后，宏展开的程序如下：

```
void main( )
{
    float r, l, s, v;
    cin>>r;
    l=2*3.14159*r;s=3.14159*r*r; v=4.0/3.0*3.14159*r*r*r;
    cout<<"R="<<r<<endl<<"L="<<l<<endl<<"S="<<s<<endl<<"V="<<v<<endl;
}
```

(6) 使用宏的次数多，展开后程序会更加长，从而使编译时间延长，而函数调用多次也不会使程序变长，但程序运行时调用函数使运行时间变长。使用带参的宏可以使打印格式简化。

【例 9.6】 将输出格式定义成宏，通过调用宏来打印运行结果。

程序清单如下：

```
#include <iostream>
using namespace std;
#define PR printf
#define NL "\n"
#define D "%d"
#define D1 D NL
#define D2 D D NL
```

```
#define D3 D D D NL
#define D4 D D D D NL
#define S "%s"

#include <stdio.h>
void main( )
{
    int a=1, b=2, c=3, d=4;
    char string[ ]="CHINA";
    PR(D1, a);
    PR(D2, a, b);
    PR(D3, a, b, c);
    PR(D4, a, b, c, d);
    PR(S, string);
}
```

运行结果为

1

12

123

1234

CHINA

9.2　文件包含处理

所谓文件包含处理，是指一个源文件中包含另一个文件的全部内容。文件包含命令是用"#include"开头的编译预处理命令实现的。在前面章节中讲解系统函数时，已经使用了文件包含命令。本节主要介绍文件的基本格式和它的用途。

文件包含的一般调用格式有两种：

格式 1：#include "包含文件名"

格式 2：#include <包含文件名>

功能：在编译预处理时，用指定的"包含文件名"中的文本内容替代该语句，使包含文件的全部内容成为本程序清单的一部分。

其中，包含的文件是由 C 语言的语句和编译预处理命令组成的文本文件。

调用格式 1(包含文件用"双引号"括住)：系统先在本程序文件所在的磁盘和路径下寻找包含文件；若找不到，再按系统规定的路径搜索包含文件。

调用格式 2(包含文件用"尖括号"括住)：系统仅按规定的路径搜索包含文件。

说明：

(1) 由于系统函数及某些宏的定义都是存放在系统文件中的，其内容一般都要求放在源程序的头部，所以这些文件称为"头文件"，其扩展名一般为".h"。

(2) 为了寻找包含文件时减少出错，通常都使用格式 1 的双引号方式。

(3) 由于包含文件的内容全部出现在源程序清单中，所以包含文件的内容必须是 C 语言的源程序清单。否则，在编译源程序时，会出现编译错误。

(4) 包含文件除了可以将系统函数和系统宏定义包含到用户程序中，还有一个很重要的功能，是将多个源程序清单合并成一个源程序后进行编译。

【例 9.7】 将定义打印格式的例 9.6，建立成用户自定义头文件(.h 文件)。

分析：首先建立一个用户自定义头文件 f.h，文件标识符为 d:\c\f.h"。再建立源程序文件 f.cpp(f.c)，在文件 f.CPP 中调用 d:\c\f.h(注意文件路径)。

(1) 文件 f.h 的内容如下：

```
#define PR printf
#define NL "\n"
#define D "%d"
#define D1 D NL
#define D2 D D NL
#define D3 D D D NL
#define D4 D D D D NL
#define S    "%s"
```

(2) 文件 f.cpp 内容如下：

```
#include <iostream>
using namespace std;
#include " d:\c\f.h "
void    main( )
{
    int a=1; b=2; c=-3; d=4;
    char string[ ]= "CHINA";
    PR(D1, a);
    PR(D2, a, b);
    PR(D3, a, b, c);
    PR(D4, a, b, c, d);
    PR(S, string);
}
```

注意：

(1) f.h 文件也可以用".cpp"为文件扩展名，但以".h"为扩展名更能表示出此文件的性质。

(2) 系统编译程序时并不是作为两个文件进行连接的，而是作为一个源程序编译，得到一个目标文件(.obj)，因此被包含的也应是源文件而不是目标文件。

(3) 头文件除包含函数的原型和宏定义外，还可以包含结构体类型定义(见第 7 章)和全局变量定义等。

(4) 如果有文件 f.cpp 包含文件 2，而文件 2 又用到文件 1 的内容，则可在 f.cpp 文件中

用两个 include 命令分别包含文件 2 和文件 1，而文件 1 应出现在文件 2 之前。即在 f.cpp
中定义：

```
#include "f1.cpp"
#include "f2.cpp"
```

【例 9.8】 使用文件包处理多个源程序文件。

假定有下列三个源程序文件：f1.cpp、f2.cpp、f.cpp；其中在 f.cpp 文件中调用 f2.cpp, f2.cpp
文件，又调用 f1.c，如图 9.1 所示。

源程序文件 f1.cpp 的功能是：求二个数中大数。

程序清单如下：

```
float max2(float x, float y)
{
    if(x>y)return(x);
    else return (y);
}
```

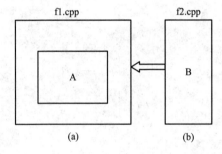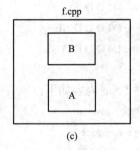

图 9.1　文件包含示意图

源程序文件 f2.cpp 的功能是：求三个数中最大数。

程序清单如下：

```
float max3(float x, float y, float z)
{
    float m;
    m=max2(max2(x, y), z);
    return(m);
}
```

源文件 f.cpp 的功能是读入数据，并调用函数及输出结果。

程序清单如下：

```
#include <iostream>
using namespace std;
#include "f1.cpp"
#include "f2.cpp"
void main()
{
```

```
        float x1, x2, x3, max;
        cin>>x1>>x2>>x3;
        max=max3(x1, x2, x3);
        cout<<"max3("<<x1 << ", "<<x2<<", "<<x3 <<")= "<<max<<endl;
    }
```
注意： (1) 单独编译 f1.cpp 和 f2.cpp 会出现没有主函数的错误；

(2) 如果把插入的两个文件包含命令的次序颠倒成：

```
    #include "f2.cpp"
    #include "f1.cpp"
```

在编译时又会出现错误，这是因为：主函数调用 max3() 时，max3() 函数中又要调用 max2() 函数，而 max2() 函数不是默认数据类型 int 型或字符型，又是在主函数 max3() 之后定义的，并且在调用函数 max3() 中没有说明，所以会出现函数不存在的错误。

*9.3　条　件　编　译

条件编译是指对源程序中的某段程序通过条件来控制是否参加本次编译。一般情况下，程序清单中的程序全部都应参加编译。但是在大型应用程序中，可能会出现某些功能不需要的情况，这时就可以利用条件编译来选取需要的功能进行编译，以便生成不同的应用程序，供不同用户使用。此外，条件编译还可以方便程序的逐段调试，简化程序调试工作。

条件编译命令有以下三种形式：

1．形式

命令格式：

```
    #ifdef  宏名
            程序段 1
    #else
            程序段 2
    #endif
```

功能：在编译预处理时，判断宏名是否在前面已定义过。

说明：

(1) 宏名为标识符，可以是前面已定义过的宏名，也可以是前面没有定义过的宏名。若前面已定义过，则编译程序段 1，不编译程序段 2；若前面没有定义，则不编译程序段 1，编译程序段 2。

(2) 命名中的 #else 及其后的程序段 2 可以省略。省略时，若在前面已定义过宏名，则编译程序段 1；宏名未定义过，则不编译程序段 1。

条件编译对于提高 C 语言源程序的通用性的作用很大。例如，一个 C 语言程序在不同的计算机系统上运行，有的机器以 16 位(2 个字节)存放一个整型数，有的机器可能以 32 位(4 个字节)存放一个整型数，这样要对源程序作必要的修改，可以用以下条件编译来处理：

```
    #define IBM PC
```

⋮
```
#ifdef   IBM
#define INTEGER_SIZE 16
#else
#define INTEGER_SIZE 32
#endif
```
　　说明：如果此程序段前出现过#define IBM PC 或将 IBM 预定义成任何字符串，则预编译后程序中的 INTEGER_SIZE 都用 16 代替，否则用 32 代替。

　　在调试程序时，常常期望输出一些所需的信息，而在调试完成后不再输出这些信息，这时，可以在源程序中插入以下条件编译段：
```
#define DEBUG
```
　　⋮
```
#ifdef DEBUG
printf("x=%d, y=%d, z=%d\n", x, y, z);
#endif
```
　　如果在此程序段前出现命令行：
```
#define DEBUG
```
则在程序运行时输出 x、y、z 的值，以便调试分析。调试结束后只需将#define 命令行删除即可。

2．形式 2

命令格式：
```
#ifndef 宏名
    程序段 1
#else
    程序段 2
#endif
```
　　功能：在编译预处理时，判断宏名是否在前面已定义过。若前面没有定义过，则编译程序段 1，不编译程序段 2；若前面已经定义，则不编译程序段 1，编译程序段 2。

　　说明：

　　(1) 宏名为标识符，可以是前面已定义过的宏名，也可以是前面没有定义过的宏名。

　　(2) 命令中的 #else 及其后的程序段 2 可以省略。省略时，若在前面对宏名没有定义，则编译程序段 1；若前面已定义宏名，则不编译程序段 1。例如，在以下程序之前没有出现 #define IBM PC 命令行，则 INTEGER_SIZE 为 16；否则 INTEGER_SIZE 为 32。
```
#ifndef IBM PC
#define INTEGER_SIZE 16
#else
#define INTEGER_SIZE 32
#endif
```

又如:

　　#ifndef DEBUG

　　printf("x=%d, y=%d, z=%d\n", x, y, z);

　　#endif

则表示如果没有预定义 DEBUG，则输出 x、y、z 的值。

3. 形式 3

命令格式:

　　#if　条件

　　　　　程序段 1

　　#else

　　　　　程序段 2

　　#endif

功能: 在编译预处理时，判定条件表达式是否定义过(一般是用#define)，如果定义过，则编译程序段 1，不编译程序段 2；否则，不编译程序段 1，编译程序段 2。

说明:

(1) 命令中的条件通常是一个符号常量，利用定义该符号常量时所给的值来确定条件是否成立。

(2) 命令中的 #else 及其后的程序段 2 可以省略。省略时，条件成立，则编译程序段 1；条件不成立，则不编译程序段 1，即:

　　#if　条件

　　　　　程序段 1

　　#endif

【例 9.9】　输入一行字母，根据需要设置条件编译，将字母全改为大写输出，或全改为小写输出。

```cpp
#include <iostream>
using namespace std;
#define LETTER 1
void main()
{
    char str[20]="AbCdE", c;
    int i=0;
    while((c=str[i])!='\0')
    {
        i++;
        #if(LETTER)
            if(c>='a'&&c<='z')
                c=c-32;
        #else
            if(c>='A'&&c<='Z')
```

```
        c=c+32;
    #endif;
    cout<<c;
    }
}
```
运行结果:

ABCDE

习 题 9

一、单项选择题

1. 以下叙述中不正确的是(   )。

　　A. 预处理命令行都必须以#号开头

　　B. 在程序中可以出现多条预处理命令

　　C. C 语言程序在执行过程中对预处理命令进行处理

　　D. 以下是正确的定义: #define IBM-PC

2. 下列叙述正确的是(   )。

　　A. 源程序只有在用到宏时,才将其替换成一串符号

　　B. 当宏出现在字符串中时,也替换成一串符号

　　C. 宏名不能嵌套定义

　　D. 宏定义是有定义域的,也可以用 undef 来终止宏的定义域

3. 以下说法中正确的是(   )。

　　A. #define 和 printf 都是 C 语句

　　B. define 是 C 语句,而 printf 不是 C 语句

　　C. printf 是 C 语句,但 #defiine 是预处理命令

　　D. define 和 printf 都不是 C 语句

4. 设有如下宏定义:

```
#define N 3
#define Y(n)    ((N+1)*n)
```

则执行语句: z=2*(N+Y(6)); 后, z 的值为(   )。

　　A. 出错　　　　　　　B. 42;　　　　　　C. 8　　　　　　D. 54

5. 以下程序的输出结果是(   )。

```
#define M(x, y, z)    x*y+z
void   main( )
{
    int a=1, b=2, c=3;
    cout<< M(a+b, b+c, c+a)<<endl;
}
```

　　A. 19　　　　　　　　B. 17　　　　　　　C. 15　　　　　　D. 12

二、写出程序运行结果

1. 程序运行结果是＿＿＿＿＿＿＿＿＿＿＿＿＿＿＿。

```cpp
#include <iostream>
using namespace std;
#define    POWER(x) (x)*(x)
void    main( )
{   int a=1, b=2, t;
    t=POWER(a+b);
    cout<<t<<endl;
}
```

2. 程序运行结果是＿＿＿＿＿＿＿＿＿＿＿＿＿＿＿＿。

```cpp
#include <iostream>
using namespace std;
#define SQR(X)    X*X
void       main ( )
{   int a=16, k=2, m=1;
    a/=SQR(k+m)/SQR(k+m);
    cout<<a<<endl;
}
```

3. 程序运行结果是＿＿＿＿＿＿＿＿＿＿＿＿＿＿＿。

```cpp
#include <iostream>
using namespace std;
void main()
{
    int x=10, y=20, z=x/y;
    #ifdef STAR 1
        cout<<"x="<<x<<" , "<<"y="<<y<<endl;
    #endif
        cout<<"z="<<z<<endl;
}
```

三、编程题

1. 定义一个带参的宏, 使两个参数的值互换(输入两个参数作为使用宏时的实参, 输出已交换后的两个值)。

2. 给出年份 year, 定义一个宏, 以判别该年份是否是闰年。

提示: 宏名可定为 LEAP_YEAR, 形参为 y, 即定义宏的形式为

```cpp
#define LEAP_YEAR(y) (用户设计字符串)
```

附录 A　标准 ASCII 字符编码表

A.1　标准 ASCII 字符集

ASCII值	字符	ASCII值	字符	ASCII 值	字符	ASCII 值	字符
000	NUL	032	空格	064	@	096	`
001	☺	033	!	065	A	097	a
002	☻	034	"	066	B	098	b
003	♥	035	#	067	C	099	c
004	♦	036	$	068	D	100	d
005	♣	037	%	069	E	101	e
006	♠	038	&	070	F	102	f
007	BEL	039	'	071	G	103	g
008	BS	040	(	072	H	104	h
009	TAB	041	)	073	I	105	i
010	LF	042	*	074	J	106	j
011	VT	043	+	075	K	107	k
012	FF	044	,	076	L	108	l
013	CR	045	-	077	M	109	m
014	♫	046	.	078	N	110	n
015	☼	047	/	079	O	111	o
016	►	048	0	080	P	112	p
017	◄	049	1	081	Q	113	q
018	↕	050	2	082	R	114	r
019	‼	051	3	083	S	115	s
020	¶	052	4	084	T	116	t
021	§	053	5	085	U	117	u
022	▬	054	6	086	V	118	v
023	↨	055	7	087	W	119	w
024	↑	056	8	088	X	120	x
025	↓	057	9	089	Y	121	y
026	→	058	:	090	Z	122	z
027	ESC	059	;	091	[	123	{
028	└	060	<	092	\	124		
029	↔	061	=	093	]	125	}
030	▲	062	>	094	^	126	~
031	▼	063	?	095	_	127	⌂

A.2　扩充 ASCII 字符集

ASCII值	字符	ASCII值	字符	ASCII 值	字符	ASCII 值	字符
128	Ç	160	á	192	└	224	α
129	ű	161	í	193	┴	225	β
130	é	162	ó	194	┬	226	Γ
131	â	163	ú	195	├	227	Π
132	ä	164	ñ	196	─	228	Σ
133	à	165	Ñ	197	┼	229	σ
134	å	166	a̲	198	╞	230	μ
135	ç	167	o̲	199	╟	231	γ
136	ê	168	¿	200	╚	232	Φ
137	ë	169	⌐	201	╔	233	θ
138	è	170	¬	202	╩	234	Ω
139	ï	171	½	203	╦	235	δ
140	î	172	¼	204	╠	236	∞
141	ì	173	¡	205	═	237	φ
142	Ä	174	«	206	╬	238	∈
143	Å	175	»	207	╧	239	∩
144	É	176	░	208	╨	240	≡
145	æ	177	▒	209	╤	241	±
146	Æ	178	▓	210	╥	242	≥
147	ô	179	│	211	╙	243	≤
148	ö	180	┤	212	╘	244	⌠
149	ò	181	╡	213	╒	245	⌡
150	û	182	╢	214	╓	246	÷
151	ù	183	╖	215	╫	247	≈
152	ÿ	184	╕	216	╪	248	°
153	Ö	185	╣	217	┘	249	●
154	Ű	186	║	218	┌	250	·
155	¢	187	╗	219	█	251	√
156	£	188	╝	220	▄	252	ⁿ
157	¥	189	╜	221	▌	253	²
158	Pt	190	╛	222	▐	254	■
159	ƒ	191	┐	223	▄	255	

附录B C运算符的优先级和结合性

优先级	运算符	含 义	操作数个数	结合方向
1	() [ ] -> .	圆括号 下标运算符 指向结构成员运算符 结构成员运算符		自左至右
2	! ~ ++ -- - (类型) * & sizeof	逻辑"非"运算符 按位取反运算符 自增运算符 自减运算符 一元负运算符 类型转换运算符 间接运算符 求地址运算符 求字节数运算符	1 (单目运算符)	自右至左
3	* / %	乘法运算符 除法运算符 求余运算符	2 (双目运算符)	自左至右
4	+ -	加法运算符 减法运算符	2 (双目运算符)	自左至右
5	<< >>	左移运算符 右移运算符	2 (双目运算符)	自左至右
6	< <= > >=	关系运算符	2 (双目运算符)	自左至右
7	== !=	"等于"关系运算符 "不等于"关系运算符	2 (双目运算符)	自左至右
8	&	按位与运算符	2(双目运算符)	自左至右
9	^	按位异或运算符	2(双目运算符)	自左至右
10	|	按位或运算符	2(双目运算符)	自左至右
11	&&	逻辑"与"运算符	2(双目运算符)	自左至右
12	||	逻辑"或"运算符	2(双目运算符)	自左至右
13	?:	条件运算符	3(三目运算符)	自右至左
14	= += -= *= /= %= <<= >>= &= |= ^=	(复合)赋值运算符	2 (双目运算符)	自右至左
15	,	逗号运算符(顺序求值运算)		自左至右

附录 C　常用的 C 库函数

C.1　数学函数(要求在源文件中包含 math.h)

函数名	函数说明	功　能	返回值	说　明
acos	double acos(x) double x;	计算 arccos(x)的值	计算结果	$-1 \leqslant x \leqslant 1$
asin	double asin(x) double x;	计算 arcsin(x)的值	计算结果	$-1 \leqslant x \leqslant 1$
atan	double atan(x) double x;	计算 arctan(x)的值	计算结果	
cos	double cos(x) double x;	计算 cos(x)的值	计算结果	x 为弧度
cosh	double cosh(x) double x;	计算双曲余弦 cosh(x)的值	计算结果	
exp	double exp(x) double x;	计算 e^x 的值	计算结果	
fabs	double fabs(x) double x;	计算 x 的绝对值	计算结果	
floor	double floor(x) double x;	求不大于 x 的最大整数	该整数的双精度实数值	
frexp	double frexp(v, e) double v; int *e;	将双精度数 v 分解为尾数部分 x 和以 2 位底的指数部分 n,并将 n 存于*e 中	尾数部分 x	$0.5 \leqslant x < 1$
log	double log(x) double x;	计算 ln x 的值	计算结果	
log10	double log10(x) double x;	计算 $\log_{10} x$ 的值	计算结果	
modf	double modf(v, ip) double v; int *ip;	将双精度数 v 分解为整数部分 i 和小数部分 f,并将 i 存于*ip 中	小数部分 f	
pow	double pow(x, y) double x, y;	计算 x^y 的值	计算结果	
sin	double sin(x) double x;	计算 sin(x)的值	计算结果	x 为弧度
sinh	double sinh(x) double x;	计算双曲正弦 sinh(x)的值	计算结果	
sqrt	double sqrt(x) double x;	计算 $x^{1/2}$ 的值	计算结果	$x \geqslant 0$
tan	double tan(x) double x;	计算 tan(x)的值	计算结果	x 为弧度
tanh	double tanh(x) double x;	计算双曲正切 tanh(x)的值	计算结果	

C.2　字符和字符串函数(要求在源文件中包含 string.h 和 ctype.h)

函数名	函数说明	功　能	返回值	包含文件
strlen	unsigned strlen (char *str)	计算字符串的长度	是，非 0	string.h
islower	int islower(ch) int ch;	检查字符 ch 是否为 'a'～'z'	是，非 0 否，0	ctype.h
isupper	int isupper(ch) int ch;	检查字符 ch 是否为 'A'～'Z'	是，非 0 否，0	ctype.h
strcat	char *strcat(s, s1) char *s, s1;	将字符串 s1 连接到字符串 s 的后面	s	string.h
strcmp	int *strcmp(s1, s2) char *s1, s2;	比较字符串 s1 和 s2	s1＜s2，负数 s1＝s2，0 s1＞s2，正数	string.h
strcpy	char *strcat(s, s1) char *s, s1;	拷贝字符串 s1 到 s	s	string.h
tolower	int tolower(ch) int ch;	检查字符 ch 是否为 'A'～'Z'	是，ch 的小写 否，ch(不变)	ctype.h
toupper	int toupper(ch) int ch;	检查字符 ch 是否为 'a'～'z'	是，ch 的大写 否，ch(不变)	ctype.h

C.3　I/O 函数(要求在源文件中包含 stdio.h)

函数名	函数说明	功　能	返回值
fclose	int fclose(fp) FILE *fp;	关闭 fp 所指向的文件,释放相应的 文件缓冲区	成功，0 否则，EOF
fgetc	int fgetc(fp) FILE *fp;	从 fp 所指文件读取一个字符	成功，所读字符 否则，EOF
fgets	char *fgets(buf, n, fp) char *buf; int n; FILE *fp;	从 fp 所指文件中读取不超过 n−1 个字符到字符串 buf 中	成功，buf 否则，NULL
fopen	FILE *fopen(fname, mode) char *fname, mode;	以 mode 方式打开文件 fname	成功，文件指针 否则，NULL
fprintf	int fprintf(fp, format, arg_list) FILE *fp; char *format;	将 arg_list 所列出的各参数值按格 式串 format 所要求的格式输出到 fp 所指的文件	成功，所输出字符 (byte)个数,否则,EOF
fputc	FILE *fputc(ch, fp) char ch; FILE *fp;	将字符 ch 输出到 fp 所指文件	成功，ch 否则，EOF
fputs	int fputs(s, fp) char *s; FILE *fp;	将字符串 s 输出到 fp 所指文件中	成功，最后所写字符 否则，EOF
fscanf	int fscanf(fp, format, add_list) FILE *fp; char *format;	从 fp 所指的文件中按格式串 format 所要求格式读数据到 add_list 所指内 存单元中	成功，所读项数 否则，EOF

续表

函数名	函数说明	功　能	返回值
getch	int getch()	从标准输入读入一个字符但不将其回显(echo)到屏幕上	成功，所读字符 否则，EOF
getchar	int getchar()(宏)	从标准输入读入一个字符并将其回显到屏幕上	成功，所读字符 否则，EOF
gets	char *gets(s) char *s;	从标准输入读入一个字符串到 s 中	成功，s 否则，NULL
printf	int printf(format, arg_list) char *fmt;	将 arg_list 所列出的各参数值按格式串 format 所要求的格式输出到标准输出中	成功，所输出字符(byte)个数 否则，EOF
putchar	int putchar(ch)(宏) int ch;	将字符 ch 输出到标准输出中	成功，ch 否则，EOF
puts	int puts(s) char *s;	将字符串 s 输出到标准输出中	成功，非负值 否则，EOF
scanf	int scanf(format, add_list) char *format;	从标准输入中按格式串 format 所要求的格式读数据到add_list所指内存单元中	成功，所读项数 否则，EOF

C.4　字符屏幕函数(要求在源文件中包含 conio.h)

函数名	函数说明	功　能	返回值
clrscr	void clrscr()	清除当前字符屏幕，并将光标置于屏幕左上角位置	
cputs	int cputs(s) char *s;	将字符串 s 输出到当前字符屏幕，但并不追加换行符	最后输出字符
gettext	int gettext(left, top, right, bottom, destin) int left, top, right, bottom; void *destin;	将当前字符屏幕由 (left, top, right, bottom)指出的矩形区域内容存于 destin 所指向的内存区	成功，1 否则，0
gotoxy	void gotoxy(x, y) int x, y;	将光标置于当前字符屏幕由坐标(x, y)标明的位置。若坐标无效，则什么也不做	
puttext	int puttext(left, top, right, bottom, source) int left, top, right, bottom; void *source;	将由 source 所指向的内存区内容写回到当前字符屏幕由(left, top, right, bottom)指出的矩形区域	成功，非 0 否则，0
textbackground	void textbackground(color) int color;	将当前字符屏幕的背景颜色置为由 color 指明的颜色	
textcolor	void textcolor(color) int color;	将当前字符屏幕的字符颜色置为由 color 指明的颜色	
window	void window(left, top, right, bottom) int left, top, right, bottom;	将当前字符屏幕定义为由(left，top，right，bottom)指出的矩形区域	

C.5　图形屏幕函数(要求在源文件中包含 graphics.h)

函数名	函数说明	功　　能	返回值
arc	void arc(x, y, start, end, r) int x, y, start, end, r;	以(x, y)为圆心，r 为半径，从起始角度 start 到结束角度 end 画圆弧。start 和 end 的单位是度(0°～360°)	
bar	void bar(left, top, right, bottom) int left, top, right, bottom;	画出一个矩形条，其区域由(left, top, right, bottom)标明	
circle	void circle(x, y, r) int x, y, r;	以(x, y)为圆心，r 为半径画圆(同 arc(x, y, 0, 360, r))	
closegraph	void closegraph()	关闭图形方式，释放为图形系统所分配的内存并置回原屏幕方式	
detectgraph	void detectgraph(driver, mode) int *driver, *mode;	确定图形适配器(graphics adapter)的类型。通常用在头文件 graphics.h 中定义的枚举常量 graphics_drivers 和 graphics_modes 作为实参	
floodfill	void floodfill(x, y, border) int x, y, border;	用当前填充模式和填充颜色对用 border 指明的颜色所围成的闭区域进行填充	
getbkcolor	int gettbkcolor()	返回当前图形屏幕的背景颜色	当前背景颜色
getcolor	int getcolor()	返回当前画笔颜色	当前画笔颜色
getfillpattern	void getfillpattern(pattern) char *pattern;	将用户定义的填充模式(8 个字节)拷贝到 pattern 所指的内存区	
getgraphmode	int getgraphmode()	返回当前图形模式	当前图形模式
getimage	void getimage(left, top, right, bottom, bitmap) int left, top, right, bottom; void *bitmap;	将当前图形屏幕由(left, top, right, bottom)指出的矩形区域的位图存于 bitmap 所指向的内存区	
imagesize	unsigned imagesize(left, top, right, bottom) int left, top, right, bottom;	计算存储当前图形屏幕的由(left, top, right, bottom)所指出矩形区域位图所需的内存字节数	所需字节数
initgraph	void initgraph(driver, mode, path) int *driver, *mode; char *path;	初始化图形方式。在进行图形操作之前必须用该函数初始化图形系统	
line	void line(x1, y1, x2, y2) int x1, y1, x2, y2;	从点(x1, y1)到(x2, y2)画一直线段	
outtext	void outtext(s) char *s;	将正文字符串 s 在当前图形屏幕的当前位置输出	

续表

函数名	函数说明	功　能	返回值
rectangle	void rectangle(left, top, right, bottom) int left, top, right, bottom;	用当前的画笔画出一个矩形，其 由(left, top, right, bottom)标明	
setbkcolor	void setbkcolor(color) int color;	将当前图形屏幕的背景颜色置 为 color	
setcolor	void setcolor(color) int color;	将当前图形屏幕的当前画笔颜 色置为 color	
setfillpattern	void setfillpattern (pattern, color) char *pattern; int color;	设置当前填充模式(8 个字节)和 填充颜色	

C.6　动态存储分配函数(要求在源文件中包含 alloc.h 和 stdlib.h)

函数名	函数说明	功　能	返回值
free	void free(p) void *p;	释放由 p 所指向的内存单元。该内存单 元必须是由 malloc 所分配的	
malloc	void *malloc(bytes) unsigned bytes;	从内存堆中动态申请 bytes 个字节的连 续存储单元	成功,所分配存储单 元首指针 否则, NULL

C.7　类型转换函数(要求在源文件中包含 stdlib.h)

函数名	函数说明	功　能	返回值
atof	double atof(s) char *s;	将字符串 s 中存放的数字串转换为 double 型值	成功, 转换的值 否则, 0
atoi	int atoi(s) char *s;	将字符串 s 中存放的数字串转换为 int 型 值	成功, 转换的值 否则, 0
atol	long atol(s) char *s;	将字符串 s 中存放的数字串转换为 long 型值	成功, 转换的值 否则, 0

参 考 文 献

[1]　谭浩强. C 程序设计. 2 版. 北京：清华大学出版社，1999.

[2]　谭浩强. C++ 程序设计. 北京：清华大学出版社，2008.

[3]　吕凤翥. C++ 语言基础教程. 北京：人民邮电出版社，2006.

[4]　陈雷. C /C++ 程序设计教程. 2 版. 北京：清华大学出版社，2007.

[5]　迟成文. 高级语言程序设计. 北京：经济科学出版社，2007.

[6]　王盛柏. C 程序设计. 北京：高等教育出版社，2008.

[7]　徐世良. C++ 程序设计. 北京：机械工业电出版社，2006.

[8]　钱能. C++ 程序设计教程. 2 版. 北京：清华大学出版社，2005.

[9]　黄维通. Visual C++ 面向对象与可视化程序设计. 北京：清华大学出版社，2002.

[10]　李春葆. C++ 程序设计. 北京：清华大学出版社，2006.

[11]　吴文虎. 程序设计基础. 2 版. 北京：清华大学出版社，2004.

[12]　苏小红. C 语言程序设计. 2 版. 北京：高等教育出版社，2013.